天津河滨岸带野生植物图鉴

张征云 温娟 著

U0259280

天津大学出版社

TIANJIN UNIVERSITY PRESS

图书在版编目（CIP）数据

天津河滨岸带野生植物图鉴 / 张征云，温娟著 . --
天津：天津大学出版社，2023.7
ISBN 978-7-5618-7543-8

Ⅰ . ①天… Ⅱ . ①张… ②温… Ⅲ . ①河岸－野生植
物－天津－图集 Ⅳ . ① Q948.522.1-64

中国国家版本馆 CIP 数据核字 (2023) 第 126426 号

TIANJIN HEBIN ANDAI YESHENG ZHIWU TUJIAN

出版发行　天津大学出版社
地　　址　天津市卫津路 92 号天津大学内（邮编：300072）
电　　话　发行部 022-27403647
网　　址　www.tjupress.com.cn
印　　刷　廊坊市瑞德印刷有限公司
经　　销　全国各地新华书店
开　　本　890mm×1240mm 1/32
印　　张　10
字　　数　306 千
版　　次　2023 年 7 月第 1 版
印　　次　2023 年 7 月第 1 次
定　　价　88.00 元

前言 INTRODUCTION

河流是人类文明的承载体，河滨岸带作为水陆间重要的生态交错缓冲区带是河流重要的生态空间，在营造动植物栖息地及保护生物多样性、维护生态系统完整性、减少面源污染物、控制水土流失、美化河道景观等方面发挥着极为重要的作用，是保护河流生态安全的一道绿色屏障。《天津河滨岸带野生植物图鉴》基于海河流域天津段重点河湖水生态调查评估项目（2021 年）成果形成。该项目对天津市 20 多条主要河道的河滨岸带野生植被进行了细致调查，共收集天津河滨岸带野生植物 65 科 198 属 304 种，其中蕨类植物 3 科 3 属 4 种、双子叶植物 47 科 139 属 208 种、单子叶植物 15 科 56 属 92 种。本书植物分类使用被子植物 APG IV 分类系统。

本书描述了野生植物的别名、生活型、形态特征及生境和分布，对入侵物种做出了说明，可作为生物多样性科研工作者与植物爱好者的植物物种野外鉴定工具书，也可为天津市河滨岸带植物生物多样性科学研究、生态修复、保护建设和合理利用提供借鉴。由于调查样地选取、调查时间等存在未全覆盖、错过植物生长物候期等问题，本书统计的野生植物种类难免有遗漏，在未来我们将结合实际工作对图鉴内容进行不断修订与完善。

本书为天津市"131"创新型人才团队专项经费资助项目。

编者

2023 年 6 月

目 录 CONTENTS

单子叶植物

| 蕨类植物

卷柏科 - 卷柏属

Selaginellaceae-*Selaginella*

· 中华卷柏 *Selaginella sinensis*

别　　名：地柏枝、护山皮

生 活 型：土生或旱生

形态特征：匍匐，根托在主茎上断续着生，自主茎分叉处下方生出，纤细，根多分叉，光滑。主茎通体羽状分枝，不呈"之"字形，无关节，禾秆色，茎圆柱状，不具纵沟，光滑无毛，内具维管束1条；侧枝多，小枝稀疏，规则排列，分枝无毛，背腹压扁。叶全部交互排列，略二形，纸质，表面光滑，边缘不为全缘，具白边。分枝上的腋叶对称，窄倒卵形，中叶多少对称，小枝上的叶卵状椭圆形，排列紧密，侧叶多少对称，略上斜。孢子叶穗紧密，四棱柱形，单个或成对生于小枝末端，孢子叶一形，卵形，边缘具睫毛，有白边，先端急尖，龙骨状。大孢子白色，小孢子橘红色。

生境与分布：喜石灰质成土母质的土壤、湿润环境，生长于山坡阴处岩石上、山顶岩石上、向阳山坡石缝中、山坡灌丛下等，是一种土壤生态类型植物；产天津蓟州；黑水河、关东河河滨岸带有分布。

木贼科 - 木贼属
Equisetaceae-*Equisetum*

· 节节草　*Equisetum ramosissimum*

别　　名：笔杆草、土木贼

生 活 型：中小型蕨类

形态特征：根状茎粗壮，横生，黑褐色，有明显的棱脊，无生殖枝与营养枝的区别。茎较硬，直立，灰绿色，分枝轮生，每轮 2~5 小枝；主茎高 20~150 cm，直径 1~6 mm，有 10~25 条棱脊，粗糙。叶退化，下部连合成鞘，鞘齿披针形或短三角形，黑褐色，顶端渐尖延长成棕褐色或带白色膜质的尾尖，常易脱落。夏初枝的顶端生出孢子囊穗，长0.5~2 cm，长圆形，有小尖头，无柄。孢子叶盾形，螺旋排列，边缘生几个长形的孢子囊。孢子同形。

生境与分布：生长于潮湿路边、沙地、低山砾石地或溪边；产蓟州、武清、宁河、宝坻等地，较常见；州河、泃河、淋河、潮白新河和北运河上游段河滨岸带有分布。

木贼科 - 木贼属

Equisetaceae-*Equisetum*

· 问 荆　*Equisetum arvense*

别　　名： 接续草、公母草、空心草

生 活 型： 中小型蕨类

形态特征： 根状茎黑褐色，上生有黑褐色小球茎；生殖枝与营养枝不相同；生殖枝春季由根状茎上生出，棕褐色，不分枝，有不明显的棱脊。叶鞘漏斗状，每 2~3 齿联合；鞘筒浅褐色，长度与鞘齿相等。枝的顶端生有 1 个长椭圆形的孢子囊穗，成熟后茎枯萎；孢子叶盾形，螺旋排列，每片孢子叶向轴面边缘着生 6~8 个长形孢子囊。孢子成熟后生殖枝枯萎，再由根状茎上生出绿色分枝的营养枝，主茎有 5~12 条棱脊，光滑，沟中有气孔带 2~4 行。叶退化，下部联合成漏斗状的鞘；鞘齿披针形或由 2~3 齿连成宽三角形，黑褐色，边缘白色膜质。分枝轮生，小枝向上斜伸至横向伸出，与主茎成锐角，3~4 条棱脊，中实，通常不再分枝。

生境与分布： 生长于溪边、阴湿山坡或石缝中以及水沟边沙质土壤上；产蓟州，少见；泃河、黑水河、淋河河滨岸带有分布。

槐叶蘋科 - 槐叶蘋属
Salviniaceae-*Salvinia*

· 槐叶蘋 *Salvinia natans*

别　　名： 蜈蚣萍、水百脚

生 活 型： 一年生小型漂浮蕨类

形态特征： 茎细长，无根，水下根状体为沉水叶。叶 3 枚轮生，椭圆形至长圆形，基部圆形或稍呈心形，全缘，叶上面淡绿色，中脉明显，其两侧各有 15~20 条斜上的侧脉，每条侧脉有刺毛；叶草质，叶下面有与茎上相同的棕色透明的茸毛。孢子果（荚）4~8 个丛生于沉水叶的基部，有大小之分，大孢子果小，生少数有短柄的大孢子囊，各含大孢子 1 个；小孢子果略大，生多数具长柄的小孢子囊，各含 64 个小孢子。

生境与分布： 生长于河道、沟塘、水稻田；产蓟州、宝坻、武清等地，常见，喜欢生长在温暖、无污染的静水水域；州河、北运河、潮白新河上游段河滨岸带有分布。

图源:https://flora.org.il/en/plants/SALNAT/

| 双子叶植物

大麻科 - 葎草属

Cannabaceae-*Humulus*

· 葎草 *Humulus Scandens*

别　　名: 锯锯藤、拉拉藤、拉拉秧、割人藤、拉狗蛋

生活型: 多年生攀缘草本

形态特征: 茎、枝、叶柄均具倒钩刺。叶片纸质，肾状五角形，掌状5~7深裂，基部心脏形，表面粗糙，背面有柔毛和黄色腺体，裂片卵状三角形，边缘具锯齿。雄花小，黄绿色，圆锥花序；雌花序球果状，苞片纸质，三角形，子房为苞片包围，瘦果成熟时露出苞片外。花果期7—10月。葎草的雌雄株花期不一致，雄株7月下旬开花，而雌株在8月中旬开花，开花后生长缓慢；9月下旬种子成熟，葎草停止生长。

生境与分布: 生长于沟边、路旁、荒地；产天津各地，极为常见，各河流河滨岸带均有分布。葎草适应能力非常强，适生幅度特别宽。单株葎草一年最多可产上万粒种子，繁殖能力超强，一旦出现，通常是较大面积向外蔓延，对其他植物形成绞杀，因此很多文献将其列为入侵性杂草，但实际上其不属于入侵植物，中国是其原产地之一。

大麻科 - 大麻属
Cannabaceae-Cannabis

· 大麻 *Cannabis sativa*

别　　名： 野麻、胡麻、线麻

生 活 型： 一年生直立草本

形态特征： 植株高 1~3 m，枝具纵沟槽，密生灰白色贴伏毛。叶掌状全裂，裂片披针形或线状披针形，基部狭楔形，边缘具向内弯的粗锯齿，中脉及侧脉在表面微下陷，背面隆起；叶柄密被灰白色贴伏毛；托叶线形。雄花序长达 25 cm；花黄绿色，花被 5，膜质，外面被细伏贴毛；小花柄长 2~4 mm；雌花绿色；花被 1，紧包子房，略被小毛；子房近球形，外面包于苞片。瘦果为宿存黄褐色苞片所包，果皮坚脆，表面具细网纹。花果期 5—7 月。

生境与分布： 原产锡金、不丹、印度和中亚细亚，中国引进栽培，属外来入侵植物（《中国外来入侵植物志》，马金双，2020 年）；天津有种植，后沦为野生，偶见；永定河河滨岸带有分布。

蓼科 - 萹蓄属
Polygonaceae-*Polygonum*

· **萹蓄** *Polygonum aviculare*

别　　名： 竹叶草、大蚂蚁草

生 活 型： 一年生草本

形态特征： 高 10~40 cm；茎丛生，匍匐或斜展，有钩纹。叶椭圆形、窄椭圆形或披针形，先端圆或尖，基部楔形，全缘，无毛；叶柄短或近无柄，基部具关节，托叶鞘膜质，下部褐色，上部白色，撕裂。花单生或数朵簇生叶腋，遍布植株；苞片薄膜质；花梗细，顶部具关节；花被 5 深裂，花被片椭圆形，绿色，边缘白或淡红色；雄蕊 8，花丝基部宽，花柱 3。瘦果卵形，具 3 棱，黑褐色，密被由小点组成的细条纹，无光泽，与宿存花被近等长或稍长。花果期 5—8 月。

生境与分布： 成片生长于路边、荒地、田边和沟边湿地；产天津各地，极常见；各河流河滨岸带均有分布。

蓼科 - 萹蓄属
Polygonaceae-*Polygonum*

· **习见萹蓄** *Polygonum plebeium*

别　　名：小扁蓄、腋花蓼、习见蓼
生 活 型：一年生草本
形态特征：茎平卧，自基部分枝，长 10~40 cm，具纵棱，沿棱具小突起，通常小枝的节间比叶片短。叶狭椭圆形或倒披针形，顶端钝或急尖，基部狭楔形，两面无毛，侧脉不明显；叶柄极短或近无柄；托叶鞘膜质，白色，透明，长 2.5~3 mm，顶端撕裂。花 3~6 朵簇生于叶腋，遍布于全植株；苞片膜质；花梗中部具关节，比苞片短；花被 5 深裂；花被片长椭圆形，绿色，背部稍隆起，边缘白色或淡红色。瘦果宽卵形，具 3 锐棱或双凸镜状，黑褐色，平滑，有光泽，包于宿存花被内。花果期 5—9 月。
生境与分布：生长于路边、荒地或河滩低洼处；产蓟州、武清等地，较少见；州河、淋河河滨岸带有分布。

蓼科 - 蓼属
Polygonaceae-*Persicaria*

· 柳叶刺蓼 *Persicaria bungeana*

别　　名: 本氏蓼

生 活 型: 一年生草本

形态特征: 植株高达 90 cm；茎具纵棱，疏被倒生皮刺。叶披针形或窄椭圆形，先端尖，基部楔形，两面被平伏硬毛，边缘具缘毛；叶柄密被平伏硬毛，托叶鞘筒状，被平伏硬毛，顶端平截，具长缘毛。花序穗状，分枝，下部间断，花序梗密被腺毛；苞片漏斗状，无毛，有时具腺毛，无缘毛；花梗较苞片稍长，花被 5 深裂，白或淡红色；雄蕊 7~8，较花被短；花柱 2，中下部连合。瘦果近球形，扁平，双凸，黑色，无光泽，包于宿存花被内。花果期 7—9 月。

生境与分布: 生长于水沟边、稻田边、河渠边湿地；产天津各地，较少见；仅在沟河、永定新河下游河滨岸带有分布。

蓼科 - 蓼属

Polygonaceae-*Persicaria*

· 水蓼 *Persicaria hydropiper*

别　　名： 辣蓼、辣柳菜

生 活 型： 一年生草本

形态特征： 高 40~70 cm。茎直立，多分枝，无毛，节部膨大。叶披针形或椭圆状披针形，边缘全缘，具缘毛，两面无毛，被褐色小点，具辛辣味，叶腋具闭花受精花；托叶鞘筒状，膜质，褐色，疏生短硬伏毛，顶端截形，具短缘毛，通常托叶鞘内藏有花簇。总状花序呈穗状，顶生或腋生，通常下垂，花稀疏，下部间断；苞片漏斗状，绿色，每苞内具 3~5 花；花梗比苞片长；花被绿色，上部白色或淡红色。瘦果卵形，双凸镜状或具 3 棱，密被小点。花果期 5—10 月。

生境与分布： 生长于山沟水边、水稻田或渠沟边，常成片生长；产蓟州、武清、宝坻、宁河等地，常见；泃河、州河、淋河、黑水河、蓟运河、北运河、永定新河、龙凤新河等的河滨岸带有分布。

蓼科 - 蓼属

Polygonaceae-*Persicaria*

· 酸模叶蓼 *Persicaria lapathifolia*

别　　名: 大马蓼

生 活 型: 一年生草本

形态特征: 高 40~90 cm。茎直立, 具分枝, 无毛, 节部明显膨大。叶披针形或宽披针形, 常有一个大的黑褐色新月形斑点, 两面沿中脉被短硬伏毛, 全缘, 边缘具粗缘毛; 叶柄短, 具短硬伏毛; 托叶鞘筒状, 膜质, 淡褐色, 无毛, 具多数脉, 顶端截形, 无缘毛, 稀具短缘毛。总状花序呈穗状, 顶生或腋生, 近直立, 花紧密, 通常由数个花穗再组成圆锥状, 花序梗被腺体; 苞片漏斗状, 边缘具稀疏短缘毛; 花被淡红色或白色。瘦果宽卵形。花果期 6—9 月。

生境与分布: 喜生水沟边、浅水中、水田边、湿草地或低湿洼地, 常成片生长; 产天津各地, 极常见; 各水系河滨岸带均有分布。

酸模叶蓼与水蓼的区别: 水蓼节部膨大不明显, 酸模叶蓼节部膨大明显; 水蓼叶披针形或椭圆状披针形, 长 4~8 cm, 上披褐色小点, 具辛辣味, 叶腋具闭花受精花, 酸模叶蓼叶披针形或宽披针形, 长 5~15 cm, 叶上常具黑褐色新月形斑点; 水蓼穗状花序下垂, 花稀疏, 酸模叶蓼数个穗状花序组成圆锥状, 较密集。

蓼科 – 蓼属
Polygonaceae-*Persicaria*

· 绵毛酸模叶蓼 *Persicaria lapathifolia var. salicifolia*

别　　名： 酸溜溜

生 活 型： 一年生草本，本种为酸模叶蓼变种

形态特征： 茎直立，高 50~100 cm，具分枝。叶互生有柄；叶片披针形至宽披针形，叶背密被白色绵毛层，叶面上有或无黑褐色斑块和毛；托叶鞘筒状，脉纹明显。花序圆锥状；花浅红色或浅绿色。瘦果卵形。该变种与原变种的区别是叶下面密生白色绵毛。

生境与分布： 生境同正种，分布极普遍，各河流水系河滨岸带均有分布。

蓼科 - 蓼属

Polygonaceae-*Persicaria*

· 红蓼 *Persicaria orientalis*

别　　名：东方蓼、大红蓼

生 活 型：一年生草本

形态特征：叶宽卵形、宽椭圆形或卵状披针形，顶端渐尖，基部圆形或近心形，微下延，边缘全缘，密生缘毛，两面密生短柔毛，叶脉上密生长柔毛；叶柄具开展的长柔毛；托叶鞘筒状，膜质，被长柔毛，具长缘毛，通常沿顶端具草质、绿色的翅。总状花序穗状，顶生或腋生，长 3~7 cm，花紧密，微下垂，通常数个再组成圆锥状；苞片宽漏斗状，草质，绿色，被短柔毛，边缘具长缘毛，每苞内具 3~5 花；花梗比苞片长；花被 5 深裂，淡红色或白色；花被片椭圆形。瘦果近圆形，双凹，黑褐色，有光泽，包于宿存花被内。花果期 6—10 月。

生境与分布：喜水又耐干旱，适应性强，常生长于山谷、路旁、田埂、河道沟渠两岸的草地及河滩湿地，往往成片生长；产天津各地，极常见；各河流水系河滨岸带均有分布。

蓼科 - 蓼属
Polygonaceae-*Persicaria*

· **扛板归** *Persicaria perfoliata*

别　　名: 贯叶蓼、刺犁头

生 活 型: 一年生草本

形态特征: 茎有棱角，红褐色，有倒生钩刺。叶柄长 3~8 cm，有倒生钩刺，盾状着生；叶片三角形，长 4~6 cm，下部宽 5~8 cm，顶端略尖，基部截形或近心形，上面无毛，下面沿叶脉疏生钩刺；托叶鞘草质，叶状，近圆形，抱茎。花序短穗状，顶生或腋生，苞片圆形；每苞片内有 2~4 朵花，花白色或粉红色；花被 5 深裂，裂片在果时增大，肉质，变为深蓝色。瘦果球形，黑色，有光泽，花果期 6—10 月。

生境与分布: 生长于山地水沟边或山谷灌木丛中，常攀附于灌丛上；产蓟州山区，常见；黑水河、泃河黄崖关段河滨岸带有分布。

蓼科 - 西伯利亚蓼属
Polygonaceae-*Knorringia*

· 西伯利亚蓼 *Knorringia sibirica*

别　　名：剪刀股、驴耳朵、鸭子嘴

生活型：多年生草本

形态特征：高 10~25 cm。根状茎细长；茎外倾或近直立，自基部分枝，无毛。叶片长椭圆形或披针形，无毛，顶端急尖或钝，基部戟形或楔形；托叶鞘筒状，膜质，上部偏斜，开裂，无毛，易破裂。花序圆锥状，顶生；苞片漏斗状，无毛，通常每 1 苞片内具 4~6 朵花；花梗短，中上部具关节；花被 5 深裂，黄绿色，花被片长圆形，长约 3 mm；雄蕊 7~8，稍短于花被。瘦果卵形，具 3 棱，黑色，有光泽，包于宿存的花被内而凸出。花果期 6—9 月。

生境与分布：喜生盐碱地、低洼地，在碱地上生长茂密，为碱性土指示植物，常形成小群落；产天津各地，少见；永定新河、独流减河、蓟运河等河流下游段，以及子牙新河、北排水河、青静黄排水河等河滨岸带有分布。

蓼科 - 藤蓼属
Polygonaceae-*Fallopia*

· 齿翅蓼　*Fallopia dentatoalata*

别　　名：齿翅首乌、卷旋蓼

生 活 型：一年生草本

形态特征：茎缠绕，长 1~2 m，分枝，无毛，具纵棱，沿棱密生小突起。叶卵形或心形，顶端渐尖，基部心形，两面无毛，沿叶脉具小突起，边缘全缘，具小突起；托叶鞘短，偏斜，膜质，无缘毛。花序总状，腋生或顶生，花排列稀疏，间断，具小叶；苞片漏斗状，膜质，每苞片内具 4~5 朵花；花被 5 深裂，红色；花被片外面 3 片背部具翅，果时增大，翅通常具齿，基部沿花梗明显下延，花被果时呈倒卵形。瘦果椭圆形，具 3 棱，密被小颗粒。花果期 7—10 月。

生境与分布：生长于山沟、山坡或林缘；产蓟州，常见；黑水河、淋河河滨岸带有分布。

蓼科 - 酸模属
Polygonaceae-*Rumex*

· 齿果酸模 *Rumex dentatus*

别　　名：牛舌草、土大黄、羊蹄大黄

生 活 型：一年生草本

形态特征：高达 70 cm。茎直立，分枝；枝纤细，表面具沟纹，无毛。基生叶长圆形，先端钝或急尖，基部圆形或心形，边缘波状或微皱波状，两面均无毛；茎生叶渐小，具短柄，基部多为圆形；托叶鞘膜质，筒状。花序圆锥状，顶生，具叶；花两性，簇生于叶腋，呈轮状排列，无毛，果实稍伸长且下弯，基部具关节；花被片黄绿色，6 片，成 2 轮，外花被片长圆形，内花被片果期增大，卵形，先端急尖，具明显的网脉，各具一卵状长圆形小瘤，边缘具 2~4 对刺状齿，稀为 5 对不整齐的针状牙齿。瘦果卵状三棱形，具尖锐角棱，褐色，平滑。花果期 5—7 月。

生境与分布：生长于水沟边、河沟边堤上或潮湿的墙下；产天津各地，常见；各河流河滨岸带均有分布。

本种与巴天酸模、羊蹄的区别：齿果酸模内轮花被片边缘有针刺状齿，其余二者内轮片花被片全缘；酸模叶基部箭形，花单性，雌雄异株，其余二者基部圆形，花两性。

蓼科-酸模属
Polygonaceae-*Rumex*

· 羊蹄 *Rumex japonicus*

别　　名：酸模、锐齿酸模

生 活 型：多年生草本

形态特征：茎直立，高 50~100 cm，上部分枝，具沟槽。基生叶长圆形或披针状长圆形，长 8~25 cm，顶端急尖，基部圆形或心形，边缘微波状，下面沿叶脉具小突起，叶柄长 4~12 cm；茎上部叶狭长圆形，叶柄较短；托叶鞘膜质，易破裂，早落。花序圆锥状，花两性，多花轮生；花梗细长，中下部具关节；外花被片椭圆形，内花被片果时增大，宽心形，顶端渐尖，基部心形，网脉明显，边缘具不整齐的小齿，全部具长卵形小瘤。瘦果宽卵形，具 3 锐棱。花果期 5—7 月。

生境与分布：生长于田边路旁、河滩、沟边湿地；产天津各地，常见；各河流水系河滨岸带均有分布。

蓼科 - 酸模属

Polygonaceae-*Rumex*

· 巴天酸模 *Rumex patientia*

别　　名: 野菠菜

生 活 型: 多年生草本

形态特征: 根肥厚，直径可达 3 cm；茎直立，粗壮，高 90~150 cm，上部分枝，具深沟槽。基生叶长圆形或长圆状披针形，长 15~30 cm，宽 5~10 cm，顶端急尖，基部圆形或近心形，边缘波状；叶柄粗壮，长 5~15 cm；茎上部叶披针形，较小，具短叶柄或近无柄；托叶鞘筒状，膜质，易破裂。花序圆锥状，大型；花两性；花梗细弱，中下部具关节，关节果时稍膨大；外花被片长圆形，内花被片果时增大，宽心形，顶端圆钝，基部深心形，边缘近全缘，具网脉，全部或一部分具小瘤。瘦果卵形，具 3 锐棱。花果期 5—7 月。

生境与分布: 生长于山沟边、湿地、水沟边、路边、田边或荒地上；产天津各地，常见；各河流水系河滨岸带均有分布。

蓼科 – 酸模属

Polygonaceae-*Rumex*

· 皱叶酸模　*Rumex crispus*

别　　名：杨铁叶子、四季菜根

生 活 型：多年生草本

形态特征：直根，粗壮。茎直立，高 50~100 cm，有浅沟槽，通常不分枝，无毛。根生叶有长柄；基生叶披针形或长圆状披针形，长 10~25 cm，宽 2~5 cm，两面无毛，顶端和基部都渐狭，边缘有波状皱褶；茎生叶小，有短柄；托叶鞘膜质，筒状。花序由数个腋生的总状花序组成圆锥状，顶生狭长；花两性，多数；内轮花被片在果时增大，宽卵形，长 4~5 mm，基部近平截，近全缘，全部具小瘤，稀 1 片具小瘤，通常都有卵形瘤状突起。瘦果椭圆形，有 3 棱。花果期 6—8 月。

生境与分布：生长于河滩、沟边湿地；产天津各地，常见；各河流水系河滨岸带均有分布。

本种与巴天酸模的区别：巴天酸模内轮 3 个花被片全缘，其中之一或全部有瘤状突起；皱叶酸模内轮 3 个花被片全缘，有些不明显的齿，通常都有瘤状突起，这些瘤状的东西可大可小。巴天酸模基生叶和茎下部叶顶端急尖或者圆钝，基部圆形更加接近于心形；皱叶酸模的基生叶和茎下部叶顶端和基部都有变窄的趋势。

蓼科 - 酸模属
Polygonaceae-*Rumex*

· 黑龙江酸模 *Rumex amurensis*

别 名: 阿穆尔酸模

生 活 型: 一年生草本

形态特征: 茎直立,高 10~30 cm,自基部分枝。茎下部叶倒披针形或狭长圆形,顶端钝或急尖,基部狭楔形,两面无毛,边缘微波状,茎上部叶线状披针形;叶柄长 1~2.5 cm;托叶鞘膜质,易破裂而脱落。花序总状,具叶,由数个再组成圆锥状,花两性,多花轮生于叶腋,上部较密;花梗基部具关节;花被 6,2 轮,外花被片椭圆形,较小,内花被片果时增大,三角状卵形,全部具小瘤,其中 1 片边缘每侧具 2 个针刺,刺顶端直伸或微弯,长 3~4 mm,另 2 片边缘每侧具 2 个小齿。瘦果椭圆形,具 3 锐棱,两端尖,淡褐色,有光泽,长约 1.5 mm。花果期 5—7 月。

生境与分布: 喜水沟边、水稻田边和低洼湿地;产蓟州、宁河、宝坻、武清,偶见;淋河、州河、蓟运河河滨岸带有分布。

苋科 - 藜属
Amaranthaceae-Chenopodium

· **藜** *Chenopodium album*

别　　名：灰菜、灰条菜、灰藋

生 活 型：一年生草本

形态特征：高 30~150 cm；茎直立、粗壮，具条棱及色条，多分枝。叶菱状卵形或宽披针形，先端尖或微钝，基部楔形或宽楔形，具不整齐锯齿；叶柄与叶近等长，或为叶长 1/2；花两性，常数个团集，于枝上部组成穗状圆锥状或圆锥状花序；花被扁球形或球形，5 深裂，裂片宽卵形或椭圆形，背面具纵脊，先端钝或微凹，边缘膜质；雄蕊 5，外伸；柱头 2；胞果果皮与种子贴生；种子横生，双凸镜状，边缘钝，黑色，有光泽，表面具浅沟纹；胚环形。花果期 5—9 月。

生境与分布：生长于田间、荒地、宅旁，为农田中主要杂草；产天津各地，极常见；各河流水系河滨岸带均有分布。

苋科 - 藜属

Amaranthaceae-*Chenopodium*

· 小藜　*Chenopodium ficifolium*

别　　名：小灰菜、灰灰菜、苦落藜

生 活 型：一年生草本

形态特征：高 20~50 cm。茎直立，具条棱及绿色色条。叶片卵状矩圆形，通常 3 浅裂；中裂片两边近平行，先端钝或急尖，并具短尖头，边缘具深波状锯齿；侧裂片位于中部以下，通常各具 2 浅裂齿。花两性，数个团集，排列于上部的枝上形成较开展的顶生圆锥状花序；花被近球形，5 深裂，裂片宽卵形，不开展。胞果包在花被内，果皮与种子贴生。种子双凸镜状，黑色，有光泽，直径约 1 mm，边缘微钝，表面具六角形细洼；胚环形。花果期 4—8 月。

生境与分布：生长于荒地、河滩、沟谷潮湿处；产天津各地，极常见；各河流水系河滨岸带均有分布。

图源:http://daim.snm.ku.dk/
Statens Naturhistoriske Museum

苋科 - 红叶藜属
Amaranthaceae-Oxybasis

· **灰绿藜** *Oxybasis glauca*

别　　名： 翻白藜、盐灰菜

生 活 型： 一年生草本

形态特征： 高 20~40 cm。茎平卧或外倾，具条棱及绿色或紫红色色条。叶片矩圆状卵形至披针形，肥厚，先端急尖或钝，基部渐狭，边缘具缺刻状牙齿，上面无粉，平滑，下面有粉而呈灰白色，有稍带紫红色；中脉明显，黄绿色。通常数花聚成团伞花序，再于分枝上排列成有间断而通常短于叶的穗状或圆锥状花序。胞果顶端露出于花被外，果皮膜质，黄白色。种子扁球形，横生、斜生及直立，暗褐色或红褐色，边缘钝，表面有细点纹。花果期 5—10 月。

生境与分布： 生长于盐碱地、水边、田边和村边；产天津各地，常见；各河流水系河滨岸带均有分布。

本种与藜、小藜的区别： 灰绿藜茎通常由基部分枝，平卧或斜上，叶稍肉质，上面中脉显著，黄褐色，下面有白粉；藜、小藜茎通常直立。

图源: https://www.i-flora.com/

Chenopodium glaucum. 337

苋科 - 红叶藜属
Amaranthaceae-Oxybasis

· 东亚市藜 *Oxybasis micrantha*

生 活 型：一年生草本

形态特征：高 20~100 cm，全株无粉，幼叶及花序轴有时稍有绵毛。茎直立，较粗壮，有条棱及色条，分枝或不分枝。叶片菱形至菱状卵形，茎下部叶的叶片长达 15 cm，近基部的 1 对锯齿较大，呈裂片状；两面近同色，边缘具不整齐锯齿。花序以顶生穗状圆锥花序为主；花簇由多数花密集而成；花被裂片 3~5，狭倒卵形。胞果双凸镜形，果皮黑褐色。种子边缘锐，表面点纹清晰。花果期 8—10 月。

生境与分布：喜盐碱、耐高湿；产天津环城四区（东丽区、津南区、西青区、北辰区）、滨海新区、静海区，常见；金钟河、独流减河、南运河、青静黄排水河、北排水河、子牙新河等的河滨岸带有分布；常与芦苇、二色补血草、萹蓄、柽柳、稗、地锦草、狗尾草、羊角菜、灰绿藜、凹头苋、荆三棱等伴生在一起。

苋科 - 滨藜属
Amaranthaceae-*Atriplex*

· **滨藜** *Atriplex patens*

生 活 型：一年生草本

形态特征：高 20~80 cm。茎直立或外倾，无粉或稍有粉，具绿色色条及条棱，通常上部分枝，枝细瘦，斜上。叶互生，或在茎基部近对生；叶片披针形至条形，先端渐尖或微钝，基部渐狭，两面均为绿色，无粉或稍有粉，边缘具不规则的弯锯齿或微锯齿，有时几全缘。花序穗状，通常紧密，于茎上部再集成穗状圆锥状；花序轴有密粉；雌花的苞片果时菱形至卵状菱形，表面有粉。种子二型，扁平，圆形，或双凸镜形，黑色或红褐色，有细点纹。花果期 7—10 月。

生境与分布：生长于盐碱地的潮湿草地和海滨附近的池沼堤旁或沙土地上；产永定新河以南平原地区，较少见；海河下游段河滨岸带有分布。

苋科 - 滨藜属

Amaranthaceae-*Atriplex*

· 中亚滨藜 *Atriplex centralasiatica*

别　　名： 软蒺藜、马灰条、中亚粉藜

生 活 型： 一年生草本

形态特征： 高可达 30 cm。茎通常自基部分枝；枝钝四棱形，黄绿色，叶有短柄，枝上部的叶近无柄；叶片卵状三角形至菱状卵形，边缘具疏锯齿，上面灰绿色，无粉或稍有粉，下面灰白色，有密粉。花集成腋生团伞花序；花丝扁平，基部连合，花药宽卵形至短矩圆形，雌花的苞片近半圆形至平面钟形，边缘近基部以下合生。胞果扁平，宽卵形或圆形，果皮膜质，白色，与种子贴伏。种子直立，红褐色或黄褐色。花果期 7—9 月。

生境与分布： 生长于海滨及盐土荒漠，盐场或村落田间；产滨海地区，少见；南四河水系河滨岸带均有分布。常与碱蓬、猪毛菜、地肤等混生于路边草丛中，成片生长成群落。

苋科 - 猪毛菜属
Amaranthaceae-Kali

· 猪毛菜 *Kali collinum*

别　　名：扎蓬棵、刺蓬、沙蓬

生 活 型：一年生草本

形态特征：高达 1 m。茎直立，基部分枝，具绿色或紫红色条纹；枝伸展，生短硬毛或近无毛。叶圆柱状，条形，先端具刺尖，基部稍宽并具膜质边缘，下延。花单生于枝上部苞腋，组成穗状花序；苞片卵形，紧贴于轴，先端渐尖，背面具微隆脊，小苞片窄披针形；花被片卵状披针形，膜质，果时硬化，背面的附属物呈鸡冠状，花被片附属物以上部分近革质，内折，先端膜质。种子横生或斜生。花果期 7—10 月。

生境与分布：生长于村边、路旁、荒地及含盐碱的沙质土壤上；产天津各地，极常见；各河流水系河滨岸带均有分布。

苋科 - 碱蓬属
Amaranthaceae-*Suaeda*

· **碱蓬** *Suaeda glauca*

别　　名：盐蓬、碱蒿子、盐蒿子、老虎尾、和尚头、猪尾巴、盐蒿

生 活 型：一年生草本

形态特征：高可达 1 m。茎直立，粗壮，圆柱状，浅绿色，有条棱，上部多分枝，枝细长，上升或斜伸。叶丝状条形，半圆柱状。花两性兼有雌性，单生或 2~5 朵团集生于叶腋的短柄上，排列成聚伞花序，上部花序常无叶。果实有二型，一为扁平，圆形，紧包于五角星形的花被内；另一呈球形，上端稍裸露，花被不为五角星形。胞果包在花被内，果皮膜质。种子横生或斜生。花果期 7—9 月。

生境与分布：生长于堤岸、洼地、荒野的盐碱土上；产天津各地，极常见；各河流水系河滨岸带均有分布。

苋科 - 碱蓬属
Amaranthaceae-*Suaeda*

· 盐地碱蓬 *Suaeda salsa*

别　名: 黄须菜、翅碱蓬、红地毯

生活型: 一年生草本

形态特征: 高 20~80 cm，绿色或紫红色。茎直立，圆柱状，黄褐色，有微条棱，无毛；茎多由基部分枝，上升或直立，稀单一。叶互生、无柄、条形，半圆柱状，先端尖或微钝，枝上部的叶较短。团伞花序通常含 3~5 花，腋生，在分枝上排列成有间断的穗状花序；小苞片卵形，几全缘性；花被半球形，底面平；裂片卵形，稍肉质，具膜质边缘，先端钝，果时背面稍增厚，有时并在基部延伸出三角形或狭翅状突出物。种子横生，双凸镜形或歪卵形。花果期 8—10 月。

生境与分布: 生长于盐碱土、碱斑地、泥滩及泥滩附近的草丛里，常形成单优种群落，秋后茎叶呈紫红色；产滨海新区，常见；各条入海河流下游河滨岸带均有分布。

本种与碱蓬的区别: 碱蓬一般稍高于盐地碱蓬；碱蓬茎浅绿色，盐地碱蓬茎黄褐色；盐地碱蓬叶比碱蓬叶子稍短；碱蓬种子表面具清晰的颗粒状点纹，盐地碱蓬种子表面具不清晰的网点纹。

苋科 - 沙冰藜属

Amaranthaceae-*Bassia*

· **地肤** *Bassia scoparia*

别　　名： 扫帚菜、观音菜、孔雀松

生 活 型： 一年生草本

形态特征： 高 50~100 cm。茎直立，圆柱状，淡绿色或带紫红色，有多数条棱，稍有短柔毛或下部几无毛；分枝稀疏，斜上。叶为平面叶，披针形或条状披针形，无毛或稍有毛，先端短渐尖，基部渐狭入短柄，通常有 3 条明显的主脉，边缘有疏生的锈色绢状缘毛；茎上部叶较小，无柄，1 脉。花两性或雌性，通常 1~3 朵生于上部叶腋，构成疏穗状圆锥状花序，花下有时有锈色长柔毛；花被近球形，淡绿色。胞果扁球形，果皮膜质，与种子离生。花果期 6—10 月。

生境与分布： 生长于盐碱地、碱泡地、河岸堤旁、海滩路边草丛、河岸沙砾地、碎石坡或垃圾堆附近；产天津各地，极常见；各河流水系河滨岸带均有分布。

苋科 - 苋属
Amaranthaceae-Amaranthus

· 反枝苋 *Amaranthus retroflexus*

别　　名：西风谷、苋菜

生 活 型：一年生草本

形态特征：高可达 1 m；茎直立，粗壮，单一或分枝，淡绿色，有时带紫色条纹，稍具钝棱，密生短柔毛。叶片菱状卵形或椭圆状卵形，顶端锐尖或尖凹，有小凸尖，基部楔形，全缘或波状缘，两面及边缘有柔毛，下面毛较密；叶柄淡绿色，有时淡紫色，有柔毛。圆锥花序顶生及腋生，直立，由多数穗状花序形成，顶生花穗较侧生者长；苞片及小苞片钻形，白色，背面有一龙骨状突起，伸出顶端成白色尖芒；花被片矩圆形或矩圆状倒卵形，薄膜质，白色，有一淡绿色细中脉，顶端急尖或尖凹，具凸尖。胞果扁卵形，环状横裂，包裹在宿存花被片内。花果期 7—9 月。

生境与分布：生长于田园、路边、村庄附近的草地上；原产美洲，属外来入侵植物（《中国外来入侵植物志》，马金双，2020 年），被列入《中国自然生态系统外来入侵物种名单（第三批）》（2014 年）；产天津各地，为极常见杂草；各河流水系河滨岸带均有分布。

苋 科 - 苋 属

Amaranthaceae-*Amaranthus*

· 皱 果 苋　*Amaranthus viridis*

别　名：绿苋

生 活 型：一年生草本

形态特征：高 40~80 cm。茎直立、细弱，条纹明显，有分枝，淡绿色或淡紫色，无毛。叶互生，卵形或卵状长圆形，两面绿色或绿紫色，光滑，先端常凹缺，少数圆钝，有 1 芒尖上面有"V"形白斑，下面叶脉显著凸起，基部楔形或近截形，全缘或微波状缘；叶柄细弱，与叶片等长。花簇排列成细穗状花序或再合成大型顶生的圆锥花序，有分枝，顶生花穗比侧生者长。胞果扁球形，绿色，不裂，果皮极皱缩，超出花被片。花果期 7—9 月。

生境与分布：生长于宅院附近的杂草地上或田间，常形成单种群落；原产南美，属外来入侵植物（《中国外来入侵植物志》，马金双，2020 年）；产天津各地，为常见杂草；各河流水系河滨岸带均有分布。

本种与凹头苋的区别：凹头苋的茎平卧上升，花簇常为腋生；皱果苋的茎直立，花簇不为腋生。

苋科 - 苋属
Amaranthaceae-Amaranthus

· 凹头苋　*Amaranthus blitum*

别　　名：野苋、光苋菜

生 活 型：一年生晚春杂草

形态特征：高 10~30 cm，全体无毛；茎伏卧而上升，从基部分枝，淡绿色或紫红色。叶片卵形或菱状卵形，顶端凹缺，有 1 芒尖，或微小不显，基部宽楔形，全缘或稍呈波状。花成腋生花簇，直至下部叶的腋部，生在茎端和枝端者成直立穗状花序或圆锥花序；苞片及小苞片矩圆形；花被片矩圆形或披针形，淡绿色，顶端急尖，边缘内曲，背部有 1 隆起中脉。胞果扁卵形。种子环形，黑色至黑褐色，边缘具环状边。花果期 7—9 月。

生境与分布：生长于河滩地、田野、杂草地上；原产热带美洲，属外来入侵植物（《中国外来入侵植物志》，马金双，2020 年）；产天津各地，较少见；州河、北运河河滨岸带有分布。

苋科 - 苋属

Amaranthaceae-*Amaranthus*

· 长芒苋 *Amaranthus palmeri*

生 活 型： 一年生草本。

形态特征： 株高可达近 300 cm，浅绿色，雌雄异株。茎直立、粗壮，绿黄色或浅红褐色，无毛或上部散生短柔毛；分枝斜展至近平展。叶片无毛，卵形至菱状卵形，先端钝、急尖或微凹，常具小突尖，叶基部楔形，略下延，叶全缘，侧脉每边 3~8 条；叶柄长，纤细。穗状花序生于茎顶和侧枝顶端，直立或略弯曲，花序长者可达 60 cm 以上。花序生于叶腋者较短，呈短圆柱状至头状；苞片钻状披针形，先端芒刺状。果近球形，果皮膜质。花果期 7—10 月。

生境与分布： 生长于农田、路边、草地、河边、荒地；原产美国西部至墨西哥北部，属外来入侵植物（《中国外来入侵植物志》，马金双，2020 年），被列入《中国自然生态系统外来入侵物种名单（第四批）》（2016 年）、《重点管理外来入侵物种名录》（2023 年）；产天津各地，常见；各河流水系河滨岸带均有分布。

苋科 - 苋属
Amaranthaceae-*Amaranthus*

· 合被苋　*Amaranthus polygonoides*

别　　名： 泰山苋。

生 活 型： 一年生草本

形态特征： 茎直立或斜升，高 10~40 cm，绿白色，下部有时淡紫红色，通常多分枝，被短柔毛，基部变无毛。叶卵形、倒卵形或椭圆状披针形，长 0.6~3 cm，宽 0.3~1.5 cm，先端微凹或圆形，具长 0.5~1 mm 的芒尖，基部楔形，上面中央常横生一条白色斑带。花簇腋生，总梗极短，花单性，雌雄花混生；苞片及小苞片披针形；花被膜质，白色，具 3 条纵脉；雌花被裂片，匙形，先端急尖，下部约 1/3 合生成筒状，果时筒长约 0.8 mm，宿存并呈海绵质。种子双凸镜状。花果期 9~10 月。

生境与分布： 生长于农田、路边、草地、河边、荒地；原产加勒比海岛屿、美国、墨西哥，属外来入侵植物（《中国外来入侵植物志》，马金双，2020 年），被列入《中国自然生态系统外来入侵物种名单（第四批）》（2016 年）、《重点管理外来入侵物种名录》（2023年）；滨海新区（海河下游）、宝坻（潮白新河七里海段）有分布。

苋科 - 苋属

Amaranthaceae-*Amaranthus*

· 刺苋 *Amaranthus spinosus*

别　　名：勒苋菜、笋苋菜

生 活 型：一年生草本

形态特征：高 30~100 cm；茎直立，圆柱形或钝棱形，多分枝，有纵条纹，绿色或带紫色，无毛或稍有柔毛。叶片菱状卵形或卵状披针形，顶端圆钝，具微凸头，基部楔形，全缘，无毛或幼时沿叶脉稍有柔毛；叶柄无毛，在其旁有 2 刺，刺长 5~10 mm。圆锥花序腋生及顶生，下部顶生花穗常全部为雄花；苞片在腋生花簇及顶生花穗的基部者变成尖锐直刺，在顶生花穗的上部者狭披针形，顶端急尖，具凸尖，中脉绿色；小苞片狭披针形；花被片绿色，顶端急尖，具凸尖，边缘透明，中脉绿色或带紫色，在雄花者矩圆形，在雌花者矩圆状匙形。胞果矩圆形。花果期 7—11 月。

生境与分布：生长在旷地、园圃、农耕地等；原产热带美洲，属外来入侵植物（《中国外来入侵植物志》，马金双，2020 年），被列入《中国自然生态系统外来入侵物种名单（第二批）》（2010 年）、《重点管理外来入侵物种名录》（2023 年）；在蓟州和宁河交界处沟河发现有分布，目前在天津尚未形成严重入侵态势。

商陆科 - 商陆属

Phytolaccaceae-*Phytolacca*

· 垂序商陆 *Phytolacca americana*

别　　名：美洲商陆、美国商陆、洋商陆

生 活 型：多年生草本

形态特征：高 1~2 m。根粗壮，肥大，倒圆锥形。茎直立，圆柱形，有时带紫红色。叶片椭圆状卵形或卵状披针形，顶端急尖，基部楔形；叶柄长 1~4 cm。总状花序顶生或侧生，长 5~20 cm；花白色，微带红晕，直径约 6 mm；花被片 5，雄蕊、心皮及花柱通常均为 10，心皮合生。果序下垂；浆果扁球形，熟时紫黑色；种子肾圆形，直径约 3 mm。花果期 6—10 月。

生境与分布：生长于河滩、林下、农田、果园等；原产北美洲，属外来入侵植物（《中国外来入侵植物志》，马金双，2020 年），被列入《中国自然生态系统外来入侵物种名单（第四批）》（2016 年）、《重点管理外来入侵物种名录》（2023 年）；产天津蓟州，属人工引种的外来入侵种，州河、淋河、泃河平原段河滨岸带有分布，数量较多。

马齿苋科 - 马齿苋属
Portulacaceae-*Portulaca*

· 马齿苋 *Portulaca oleracea*

别　　名：五行草、蚂蚁菜、马苋菜

生 活 型：一年生肉质草本

形态特征：全株无毛。茎平卧或斜倚，伏地铺散，多分枝，圆柱形，淡绿色或带暗红色。茎紫红色，叶互生，有时近对生，叶片扁平，肥厚，倒卵形，似马齿状，顶端圆钝或平截，有时微凹，基部楔形，全缘，上面暗绿色，下面淡绿色或带暗红色，中脉微隆起；叶柄粗短。花无梗，常 3~5 朵簇生枝端，午时盛开；苞片叶状，膜质，近轮生；萼片对生，绿色，盔形，左右压扁；花瓣黄色，倒卵形，顶端微凹，基部合生。蒴果卵球形，盖裂；种子细小。花果期 5—9 月。

生境与分布：生长于田间、荒地、路旁、潮湿地；天津各地均有，为极常见田间杂草；各河流水系河滨岸带均有分布。

石竹科 - 繁缕属
Caryophyllaceae-*Stellaria*

· 鹅肠菜 *Stellaria aquaticum*

别　　名： 鹅儿肠、鹅肠草、牛繁缕

生 活 型： 二年生或多年生草本

形态特征： 具须根。茎上升，多分枝，长 50~80 cm，上部被腺毛。叶片卵形或宽卵形，顶端急尖，基部稍心形，有时边缘具毛；叶柄长 5~15 mm，上部叶常无柄或具短柄，疏生柔毛。顶生二歧聚伞花序；苞片叶状，边缘具腺毛；花梗细，花后伸长并向下弯，密被腺毛；萼片卵状披针形或长卵形，长 4~5 mm，果期长达 7 mm，顶端较钝，外面被腺柔毛，脉纹不明显；花瓣白色，2 深裂至基部，裂片线形或披针状线形。蒴果卵圆形，稍长于宿存萼；种子近肾形，稍扁。花果期 5—9 月。

生境与分布： 生长于湿润草丛、水沟旁以及山坡、路旁、田间、草地等较阴湿的地方；产蓟州，常见。州河、沽河、淋河、黑水河河滨岸带有分布。

石竹科 - 繁缕属

Caryophyllaceae-*Stellaria*

· **繁 缕** *Stellaria media*

别 名：鸡儿肠、鹅耳伸筋、鹅肠菜

生 活 型：一年生或二年生草本

形态特征：高 10~30 cm。茎俯仰或上升，基部多少分枝，常带淡紫红色，被 1 (~2) 列毛。叶片宽卵形或卵形，顶端渐尖或急尖，基部渐狭或近心形，全缘；基生叶具长柄，上部叶常无柄或具短柄。疏聚伞花序顶生，花梗细弱。蒴果卵形，稍长于宿存萼，顶端 6 裂，具多数种子；种子卵圆形至近圆形，稍扁，红褐色，直径 1~1.2 mm，表面具半球形瘤状凸起，脊较显著。花果期 6—8 月。

生境与分布：产天津各地，常见于温室潮湿的墙下或花盆中，亦见于田野、路旁或村边的草地。

鹅肠菜和繁缕的主要区别：鹅肠菜是二年或多年生草本；繁缕是一年生或二年生草本；鹅肠菜的叶片边缘常有毛，繁缕的叶片边缘无毛；鹅肠菜的花柱 5 个，繁缕的花柱 3 个；鹅肠菜的花瓣比花萼长或等长，繁缕的花瓣比萼片短。

石竹科 - 蝇子草属
Caryophyllaceae-*Silene*

· 女娄菜 　*Silene aprica*

别　　名：王不留行、山蚂蚱菜

生 活 型：一年生或二年生草本

形态特征：高达 30~70 cm；主根粗，稍木质；茎单生或数个；基生叶倒披针形或窄匙形，基部渐窄成柄状；茎生叶倒披针形、披针形或线状披针形。圆锥花序；花梗长 0.5~2（~4）cm，直立；苞片披针形，渐尖，草质，具缘毛；花萼卵状钟形，密被柔毛，果期长达 1.2 cm，纵脉绿色，萼齿三角状披针形；花瓣白或淡红色，瓣片倒卵形，2 裂；副花冠舌状。蒴果卵圆形，长 8~9 mm，与宿萼近等长；种子圆肾形，具小瘤。花果期 5—8 月。

生境与分布：生长于沟谷、山坡、草地、山地、林缘；产蓟州山区，少见；黑水河滨岸带有分布。

金鱼藻科 - 金鱼藻属
Ceratophyllaceae-*Ceratophyllum*

· 金鱼藻 *Ceratophyllum demersum*

别　　名：细草、软草、鱼草

生 活 型：多年生沉水草本

形态特征：全株暗绿色。茎长 40~150 cm，细柔，有分枝。叶轮生，每轮 6~8 叶；无柄；叶片 2 歧或细裂，裂片线状，具刺状小齿。花小，单性，雌雄同株或异株，腋生，无花被；总苞片 8~12，钻状；雄花具多数雄蕊；雌花具雌蕊 1 枚，子房长卵形，上位，1 室；花柱呈钻形。坚果宽椭圆形，长 4~5 mm，宽约 2 mm，黑色，平滑，边缘无翅，有 3 刺，顶生刺（宿存花柱）长 8~10 mm，先端具钩，基部 2 刺向下斜伸，长 4~7 mm，先端渐细成刺状。花果期 6—10 月。

生境与分布：生长于湖泊、池塘的静水中，或水沟、河流等缓流水处，分布广，适应性强；产天津各地，常见；各河流水系均有分布。

毛茛科 - 水毛茛属
Ranunculaceae-*Batrachium*

· 水毛茛 *Batrachium bungei*

别　　名：扇叶水毛茛、梅花藻
生 活 型：多年生沉生草本
形态特征：茎细长，无毛，下部节上有白色须根。叶有短或长柄；叶片轮廓近半圆形或扇状半圆形，小裂片近丝形，在水外通常收拢或近叉开，无毛或近无毛。叶柄基部有宽或狭鞘，通常多少有短伏毛，偶尔叶柄只有鞘状部分；具2种不同的叶子类型。水上气生叶单叶、圆形，有裂开的外边缘，质轻，足以漂浮水面上，有的可以高出水面5 cm左右；水下叶子呈羽毛状。花直径1~1.5（~2）cm；花梗长2~5 cm，无毛；萼片反折，卵状椭圆形，边缘膜质，无毛；花瓣白色，基部黄色，倒卵形。聚合果卵球形，瘦果20~40。花果期5—8月。
生境与分布：生长于水塘边及山地小溪缓流浅水中；产天津蓟州，少见。泃河河滨岸带有分布，数量极多。

毛茛科 - 毛茛属
Ranunculaceae-*Ranunculus*

· 茴茴蒜 *Ranunculus chinensis*

别　　名: 蝎虎草、水胡椒、野桑椹

生 活 型: 多年生或一年生草本

形态特征: 茎高可达 60 cm，有浅黄色伸展长硬毛。叶为基生或互生的三出复叶；基生叶及茎下部叶有长柄，柄上有伸展的硬毛，叶片宽卵形，3 深裂，裂片 2~3 中裂；上部叶几无柄，叶片 3 全裂。花单独顶生或腋生，花梗有长硬毛；萼片 5，舟形，向外翻卷，外面有粗毛；花瓣 5，倒卵形，黄色，蜜槽为鳞被所盖；雄蕊多数；心皮多数，着生于突起的花托上。聚合果椭圆形，长约 1.2 cm；瘦果扁、卵圆形，顶端有短喙。花果期 5—8 月。

生境与分布: 生长于山沟、溪边、湿草地或水田边；产蓟州、武清、宁河、宝坻等地，偶见；州河、淋河、泃河、潮白新河滨岸带有分布。

毛茛科 - 毛茛属
Ranunculaceae-Ranunculus

· 石龙芮 *Ranunculus sceleratus*

别　名: 水堇、姜苔、水姜苔

生活型: 一年生草本

形态特征: 茎直立,高 10~50 cm,上部多分枝,具多数节,下部节上有时生根,无毛或疏生柔毛。基生叶多数;叶片肾状圆形,基部心形,3 深裂不达基部,裂片倒卵状楔形,不等 2~3 裂,顶端钝圆,有粗圆齿,无毛。茎生叶多数,下部叶与基生叶相似;上部叶较小,3 全裂,裂片披针形至线形,全缘,无毛,顶端钝圆,基部扩大成膜质宽鞘抱茎。聚伞花序有多数花;花小;花梗无毛;萼片椭圆形,外面有短柔毛,花瓣 5,倒卵形,等长或稍长于花萼,基部有短爪,蜜槽呈棱状袋穴;花托在果期伸长增大呈圆柱形,生短柔毛。聚合果长圆形;瘦果极多数,近百枚,紧密排列,倒卵球形,稍扁。花果期 5—8 月。

生境与分布: 生长于水边湿地或浅污泥中;产天津近郊及蓟州,少见;淋河、州河河滨岸带有分布。

毛茛科 - 唐松草属
Ranunculaceae-*Thalictrum*

· **东亚唐松草** *Thalictrum minus var. hypoleucum*

别　　名: 秋唐松草、小果白蓬草
生　活　型: 多年生草本
形态特征: 茎粗壮,高可达 1.5 m,自下部或中部分枝。叶互生;基生叶有长柄,2~3 回三出羽状复叶;小叶草质,倒卵形或宽卵形,基部楔形或圆形,顶端不明显 3 浅裂,裂片圆或尖,有时有少数钝锯齿;背面有白粉,粉绿色,脉隆起,网脉明显;叶柄细,有细纵槽,基部有短鞘,托叶膜质,半圆形,全缘。复单歧聚伞花序圆锥状,有叶状苞片;花梗丝形;萼片 4,白色或淡堇色,倒卵形;花药椭圆形,先端钝,花丝比花药宽或窄,上部倒披针形。瘦果无柄,圆柱状长圆形,有 6~8 条纵肋,花柱宿存,顶端通常拳卷。花果期 7—9 月。
生境与分布: 生长于山坡、路旁、林缘或山谷沟旁;产蓟州山区;黑水河河滨岸带有分布。

毛茛科 - 铁线莲属
Ranunculaceae-*Clematis*

· 短尾铁线莲 *Clematis brevicaudata*

别　　名: 林地铁线莲、短尾木通、红钉耙藤

生 活 型: 多年生木质藤本

形态特征: 枝有棱,小枝疏生短柔毛或近无毛。一至二回羽状复叶或二回三出复叶,有5~15小叶,有时茎上部为三出叶;小叶片长卵形、卵形至宽卵状披针形或披针形,顶端渐尖或长渐尖,基部圆形、截形至浅心形,有时楔形,边缘疏生粗锯齿或牙齿,有时3裂,两面近无毛或疏生短柔毛。圆锥状聚伞花序腋生或顶生,常比叶短;萼片4,开展,白色,狭倒卵形,两面均有短柔毛。瘦果卵形,密生柔毛。花果期7—10月。

生境与分布: 生长于山地灌丛、林缘或平原路旁;产蓟州,少见;黑水河滨岸带有分布。

毛茛科 - 铁线莲属
Ranunculaceae-*Clematis*

· **大叶铁线莲** *Clematis heracleifolia*

别　　名：草本女萎、草牡丹、木通花

生 活 型：直立草本，基部木质化

形态特征：须根红褐色密集，茎攀缘圆柱形，表面棕黑色或暗红色，有明显的 6 条纵纹，羽状复叶；小叶片纸质，卵圆形或卵状披针形，顶端渐尖或钝尖，基部常圆形，边缘全缘，有淡黄色开展的睫毛，小叶柄常扭曲。单花顶生；花梗直而粗壮，被淡黄色柔毛，无苞片；花大，直径可达 14 cm；萼片白色或淡黄色，倒卵圆形或匙形，顶端圆形，基部渐狭。瘦果卵形。花果期 5—7 月。

生境与分布：生长于山坡沟谷、林边及路旁的灌丛中，喜湿、耐阴；产蓟州，少见；黑水河河滨岸带有分布。

防己科 - 蝙蝠葛属
Menispermaceae-*Menispermum*

· 蝙蝠葛 *Menispermum dauricum*

别　　名： 北豆根

生　活　型： 草质藤本

形态特征： 根状茎褐色，垂直生，茎自位于近顶部的侧芽生出，一年生茎纤细，有条纹，无毛。叶纸质或近膜质，轮廓通常为心状扁圆形，边缘有 3~9 角或 3~9 裂，很少近全缘，基部心形至近截平，两面无毛，下面有白粉；掌状脉 9~12 条，其中向基部伸展的 3~5 条很纤细，均在背面凸起。圆锥花序单生或有时双生，有细长的总梗，有花数朵至 20 余朵，花密集成稍疏散，花梗纤细；雄花萼片 4~8，膜质，绿黄色，倒披针形至倒卵状椭圆形；花瓣 6~8 或多至 9~12 片，肉质。核果紫黑色，基部弯缺深约 3 mm。花果期 6—9 月。

生境与分布： 生长于山沟及农田的垄边或山坡林缘灌丛中；产天津蓟州，常见；淋河、泃河、关东河河滨岸带有分布。

罂粟科 - 白屈菜属
Papaveraceae-Chelidonium

· 白屈菜　*Chelidonium majus*

别　　名: 水黄连、牛金花、土黄连、雄黄草。

生 活 型: 多年生草本。

形态特征: 高 30~60 cm。茎聚伞状多分枝，分枝常被短柔毛，节上较密，后变无毛。基生叶少，早凋落，叶片倒卵状长圆形或宽倒卵形，羽状全裂，倒卵状长圆形，具不规则的深裂或浅裂，裂片边缘圆齿状，表面绿色，无毛，背面具白粉，疏被短柔毛。伞形花序多花；花梗纤细，幼时被长柔毛，后变无毛；苞片小，卵形；萼片卵圆形，舟状，无毛或疏生柔毛，早落；花瓣倒卵形，黄色。蒴果线状圆柱形，成熟时由基部向上裂开。花果期 5—9 月。

生境与分布: 生长于山野湿润地、村旁、水沟旁；产蓟州山区，常见；泃河、黑水河、淋河河滨岸带有分布。

罂粟科 - 紫堇属
Papaveraceae-Corydalis

· 黄堇　*Corydalis pallida*

别　　名: 珠果紫黄堇

生 活 型: 二年生草本

形态特征: 高 20~60 cm, 茎光滑, 全株灰绿色。具主根, 少数侧根发达。茎一条至多条, 发自基生叶腋, 具棱, 常上部分枝。基生叶多数, 莲座状, 花期枯萎; 茎生叶稍密集, 下部的具柄, 上部的近无柄, 上面绿色, 下面苍白色, 二回羽状全裂, 一回羽片 4~6 对, 具短柄至无柄, 二回羽片无柄, 卵圆形至长圆形, 顶生的较大, 三深裂, 裂片边缘具圆齿状裂片。总状花序顶生和腋生, 有时对叶生, 疏具多花和或长或短的花序轴; 苞片披针形至长圆形, 具短尖, 约与花梗等长; 花黄色至淡黄色, 较粗大, 平展; 萼片近圆形, 中央着生, 边缘具齿。蒴果线形, 念珠状, 斜伸至下垂, 具 1 列种子。花果期 5—7 月。

生境与分布: 生长于丘陵或山地林下、沟边湿地; 产天津蓟州, 偶见; 洵河杨庄水库以上段有分布。

罂粟科 - 紫堇属

Papaveraceae-Corydalis

· 地丁草 *Corydalis bungeana*

别　　名：紫堇

生 活 型：多年生或二年生草本

形态特征：高 10~40 cm。茎直立或渐升，无毛，被白粉。具细长直根。基生叶和茎下部叶长 3~10cm，具长柄，叶片轮廓卵形，一回裂片 2~3 对，小裂片狭卵形至披针线形，端锐尖，灰绿色。总状花序上有数朵花；苞片叶状，羽状深裂；萼片小，2 枚，近三角形，鳞片状，早落。花瓣 4 枚，2 轮，外轮中有一花瓣基部延伸成距；花瓣淡紫色，内面花瓣顶端具紫斑。蒴果长圆形，扁平。种子黑色，有光泽。花果期 4—7 月。

生境与分布：生长于河水泛滥地段，山沟、溪流及平原、丘陵草地或疏林下，喜温湿环境；产蓟州、宝坻，早春开花，少见；青龙湾河、潮白新河、州河河滨岸带有分布。

十字花科 - 播娘蒿属
Brassicaceae-Descurainia

· 播娘蒿 *Descurainia sophia*

别　　名：腺毛播娘蒿

生 活 型：一年生草本

形态特征：被分枝毛，茎下部毛多，向上毛渐少或无毛。茎直立，基部分枝。叶柄长约 2 cm，叶长 6~19 cm，宽 4~8 cm，3 回羽状深裂，小裂片线形或长圆形，长 0.2~1 cm；萼片窄长圆形，背面具分叉柔毛；花瓣黄色，长圆状倒卵形，长 2~2.5 mm，基部具爪；雄蕊比花瓣长 1/3；长角果圆筒状，长 2.5~3 cm，无毛，种子间缢缩，开裂；果瓣中脉明显；果柄长 1~2 cm；种子每室 1 行，小而多，长圆形，长约 1 mm，稍扁，淡红褐色，有细网纹。花果期 4—6 月。

生境与分布：生长于河堤、路边、沟边、山坡；产天津各地，早春开花，分布广泛；各河流水系河滨岸带均有分布。

十字花科 - 诸葛菜属
Brassicaceae-*Orychophragmus*

· 诸葛菜 *Orychophragmus violaceus*

别　　名：二月蓝、缺刻叶诸葛菜
生 活 型：一年或二年生草本
形态特征：高可达 50 cm，无毛；茎直立，基生叶及下部茎生叶大头羽状全裂，顶裂片近圆形或短卵形，侧裂片卵形或三角状卵形，叶柄疏生细柔毛。花紫色、浅红色或褪成白色，花萼筒状，紫色，花瓣宽倒卵形，密生细脉纹。长角果线形，种子卵形至长圆形，黑棕色。花果期 4—6 月。原为种植，野外逸生。
生境与分布：生长于河滩、公园、平地、宅边，叶形变化很大，生在阴湿树下的植株一般叶形多为羽状深裂。产天津各地，早春开花，分布广泛；各河流水系河滨岸带有分布。

十字花科 - 独行菜属
Brassicaceae-*Lepidium*

· 独行菜 *Lepidium apetalum*

别　　名： 辣辣菜、腺茎独行菜、北葶苈子
生 活 型： 一年生或二年生草本
形态特征： 高 5~30 cm；茎直立或斜升，多分枝，被微小头状毛。基生叶莲座状，平铺地面，羽状浅裂或深裂，叶片狭匙形；茎生叶狭披针形至条形，有疏齿或全缘。总状花序顶生；花小，不明显；花梗丝状，被棒状毛；萼片舟状，呈椭圆形，无毛或被柔毛，具膜质边缘；花瓣极小，匙形，白色。短角果近圆形，种子椭圆形，棕红色，平滑。花果期 4—7 月。
生境与分布： 生长于山坡、山沟、路边、田间和村落附近；产天津各地，是天津早春极常见的杂草，分布甚广；各河流水系河滨岸带均有分布。

十字花科 - 独行菜属

Brassicaceae-*Lepidium*

· 宽叶独行菜 *Lepidium latifolium*

别　　名: 光果宽叶独行菜

生 活 型: 多年生草本

形态特征: 高可达 150 cm。茎直立,上部多分枝,基部稍木质化,无毛或疏生单毛。基生叶及茎下部叶革质,叶片长圆披针形或卵形,顶端急尖或圆钝,基部楔形,两面有柔毛;茎上部叶披针形或长圆状椭圆形,无柄。总状花序圆锥状;萼片脱落,卵状长圆形或近圆形;花瓣白色,倒卵形,顶端圆形。短角果宽卵形或近圆形,顶端全缘,基部圆钝,无翅,有柔毛,花柱极短;种子宽椭圆形,扁平,浅棕色,无翅。花果期 5—9 月。

生境与分布: 生长于低洼盐碱地、沙滩、村落及路旁;产天津环城四区、滨海新区和静海;独流减河、子牙新河、北排水河河滨岸带有分布,常呈小片的单种群落或与其他植物混生,是盐碱土指示植物。

十字花科 - 菥蓂属
Brassicaceae-*Thlaspi*

· **菥蓂** *Thlaspi arvense*

别　　名: 遏蓝菜、铲铲草

生 活 型: 一年生草本

形态特征: 株高9~60 cm。茎单一，直立，全身无毛；上部分枝或不分枝，有棱。基生叶有柄。茎生叶长圆状披针形或倒披针形，先端圆钝或尖，基部箭形，抱茎，两侧箭形，边缘有疏齿。总状花序顶生；萼片直立，卵形，先端钝圆；花瓣白色，长圆状倒卵形，先端圆或微缺。短角果灰黄色或灰绿色，近圆形或倒卵形，长 13~16 mm，宽 9~13 mm；边缘有宽翅，顶端下凹。种子倒卵形，稍扁平，褐色，有同心环纹。花果期 4—6 月。

生境与分布: 生长于平地路旁、沟边、村落或山坡附近；产天津近郊，西青、东丽、津南等区，少见，常形成单种群落；金钟河河滨岸带有分布。

十字花科 - 荠属

Brassicaceae-*Capsella*

· 荠 *Capsella bursa-pastoris*

别　　名：地米菜、芥、荠菜
生 活 型：一年或二年生草本
形态特征：茎常不分枝，高 20~30 cm，全株常有单毛和星状毛。基生叶丛生呈莲座状，大头羽状分裂，顶裂片卵形至长圆形，侧裂片长圆形至卵形；茎生叶窄披针形或披针形，基部箭形，抱茎，边缘有缺刻或锯齿。总状花序顶生及腋生，萼片长圆形，花瓣白色，卵形，有短爪。短角果倒三角形或倒心状三角形，扁平，顶端微凹。种子 2 行，长椭圆形，浅褐色。花果期 4—6 月。

生境与分布：生长于山坡、沟边，田边和路边杂草丛中；产天津各地，早春开花，常见；各河流水系河滨岸带均有分布。

十字花科 - 匙荠属
Brassicaceae-*Leiocarpaea*

· **匙荠** *Leiocarpaea cochlearioides*

别　　名： 匙芥

生 活 型： 二年生草本

形态特征： 高达 60 cm。茎多分枝，无毛。基生叶有长柄，羽状深裂，顶裂片大；茎生叶无柄，长圆形或长圆状倒披针形，具波状或深波状牙齿，基部有明显耳，半抱茎。总状花序；花白色，萼片广椭圆形或长圆形；花瓣倒卵状椭圆形，基部突然变狭成短爪。短角果不开裂，沿缝线具纵沟，先端有稍弯短喙，通常 2 室并列，隔膜坚硬或只一室发育为歪卵形，或一室在另一室的斜上方，每室含一粒种子；种子黄褐色，圆形。花果期 5—6 月。

生境与分布： 生潮湿地、水沟边、田边、路旁；产环城四区、滨海新区、静海区，早春开花，常见；永定新河、海河、独流减河、南四河河滨岸带有分布。

十字花科 - 蔊菜属
Brassicaceae-*Rorippa*

· **沼生蔊菜** *Rorippa palustris*

别　　名：水荠菜、风花菜

生 活 型：一年生或二年生草本

形态特征：高达 50 cm。茎直立，具棱，下部常带紫色。基生叶多数，有柄，长圆形或窄长圆形，羽状深裂或大头羽裂，侧裂片 3~7 对，不规则浅裂或深波状，基部耳状抱茎；茎生叶向上渐小，近无柄，羽状深裂或具齿，基部耳状抱茎。总状花序顶生或腋生，具多数小花，花梗纤细；萼片长椭圆形；花瓣黄或淡黄色，长倒卵形或楔形，与萼近等长。短角果椭圆形，有时稍弯曲；果柄长于角果。种子褐色，近卵圆形，扁，具网纹。花果期 6—10 月。

生境与分布：生长于水边、稻田边及潮湿地；产蓟州区、宝坻区，常见；洵河、淋河、关东河、青龙湾河、潮白新河河滨岸带有分布。

十字花科 - 蔊菜属
Brassicaceae-*Rorippa*

· 风花菜　*Rorippa globosa*

别　　名：银条菜、圆果蔊菜、球果蔊菜、云南亚麻荠

生 活 型：一年生或二年生草本

形态特征：被白色硬毛或近无毛。茎单一，下部被白色长毛；茎下部叶具柄，上部叶无柄，长圆形或倒卵状披针形，两面被疏毛，基部短耳状半抱茎，具不整齐粗齿。基生叶早枯。茎生叶具柄，叶 1 回羽状全裂，基部扩大，无叶耳，顶端裂片长圆形至条形，大部分叶缘有数锯齿，上部叶全缘，侧裂片 1~3 对，向上渐少。总状花序多数顶生或腋生，圆锥状排列，无叶状苞片。短角果近球形；种子淡褐色，多数，扁卵形。花果期 6—10 月。

生境与分布：生长于水边湿地、路旁、沟边，在较干旱的地方也能生长；产蓟州，常见；蓟州区各河流河滨岸带均有分布。

十字花科 - 涩荠属
Brassicaceae-*Malcolmia*

· **涩荠** *Malcolmia africana*

别　　名：马康草、离蕊芥、干果草

生　活　型：二年生草本

形态特征：高 8~35 cm，密生单毛或叉状硬毛。茎直立或近直立，多分枝，有棱角。叶长圆形、倒披针形或近椭圆形，顶端圆形，有小短尖，基部楔形，边缘有波状齿或全缘；叶柄长 5~10 mm 或近无柄。总状花序，有 10~30 朵花，疏松排列，果期长达 20 cm；萼片长圆形；花瓣紫色或粉红色。长角果（线细状）圆柱形或近圆柱形，长 3.5~7 cm，近 4 棱，密生短毛或长分叉毛，或二者间生，或具刚毛。种子长圆形，浅棕色。花果期 6—8 月。

生境与分布：生长于在路边荒地或田间；产滨海新区，偶见；北排水河河滨岸带有分布。

十字花科 - 山萮菜属
Brassicaceae-*Eutrema*

· 盐芥 *Eutrema salsugineum*

别　名: 特鲁木吉

生活型: 一年生草本

形态特征: 高达 45 cm。茎基部或中部分枝,下部常有盐粒;基生叶具柄,早枯,叶卵形或长圆形,全缘或具不整齐小齿。茎生叶无柄,长圆状卵形,下部叶长约 2.5 cm,向上渐小,基部箭形,抱茎,全缘或具不明显小齿。萼片卵圆形,长 1.5~2 mm,边缘膜质、白色。花瓣白色,长圆状倒卵形,长 2.5~3.5 mm,先端钝圆;子房有 55~90 粒胚珠。长角果长 1.5~2 cm,微内弯,斜升或直立;果柄丝状,长 4~6 mm,近平展。种子每室 2 行,椭圆形,黄色。花果期 4—5 月。

生境与分布: 生长于盐土、微盐化草甸上,为喜盐植物;产天津南部平原区,早春开花,常见,常形成单种群落;永定新河、海河、独流减河、南四河河滨岸带均有分布。

十字花科 - 糖芥属
Brassicaceae-*Erysimum*

· **小花糖芥** *Erysimum cheiranthoides*

别　　名: 桂竹糖芥

生 活 型: 一年生草本

形态特征: 基生叶莲座状，无柄，平铺地面，叶片有 2~3 叉毛；茎生叶披针形或线形，被丁字毛，顶端急尖，基部楔形，边缘具深波状疏齿或近全缘，两面具 3 叉毛。总状花序顶生，果期长达 17 cm；萼片长圆形或线形，长 2~3 mm，外面有 3 叉毛；花瓣淡黄色，匙形，长 4~5 mm，顶端圆形或截形，下部具爪。长角果圆柱形，果柄粗，长 2~4 cm，宽约 1 mm，侧扁，稍有棱，具 3 叉毛；果瓣有 1 条不明显中脉；花柱长约 1 mm，柱头头状；果梗粗，长 4~6 mm。种子每室 1 行；种子卵圆形，长约 1 mm，淡褐色。花果期 5—6 月。

生境与分布: 生长于农田、沟渠边、山坡及荒地；产蓟州，早春开花，常见；洵河、淋河、州河上段河滨岸带有分布。

十字花科 - 豆瓣菜属
Brassicaceae-*Nasturtium*

· 豆瓣菜 *Nasturtium officinale*

别　　名: 西洋菜、水薄菜、水生菜

生 活 型: 多年生水生草本

形态特征: 高 20~40 cm，全体光滑无毛。茎匍匐或浮水生，多分枝，节上生不定根。单数羽状复叶，小叶片 3~7（~9）枚，宽卵形、长圆形或近圆形，顶端 1 片较大，钝头或微凹，近全缘或呈浅波状，基部截平，小叶柄细而扁，侧生小叶与顶生的相似，基部不等称，叶柄基部成耳状，略抱茎。总状花序顶生，花多数；萼片长卵形，边缘膜质，基部略呈囊状；花瓣白色，倒卵形或宽是形，具脉纹，顶端圆，基部渐狭成细爪。长角果圆柱形而扁，果柄纤细，开展或微弯。种子卵形，红褐色，表面具网纹。花果期 4—7 月。

生境与分布: 喜流动缓慢的水，常见于沟渠、池塘、溪流、沼泽地或水田等浅水中；产蓟州，常见；泃河、关东河、淋河有分布。

扯根菜科 - 扯根菜属

Penthoraceae-*Penthorum*

· 扯根菜 *Penthorum chinense*

别　　名： 干黄草、山黄鳝、水杨柳、水泽兰

生 活 型： 多年生草本

形态特征： 高 30~80 cm。茎紫红色或黄色，光滑。叶披针形至狭披针形，顶端渐尖，基部楔形，边缘有细锯齿，两面光滑；叶柄短；无托叶。数枝蝎尾状聚伞花序顶生，花偏生于一侧；分枝疏生短腺毛；苞片小，卵形或钻形；花梗短，花小，黄绿色，萼钟状，5 裂，裂片三角形，深可达萼之基部，顶端略钝；无花瓣。蒴果压扁，五角形，红紫色，有 5 短喙呈星状斜展，开裂时由喙之基部盖裂；种子小，红色。花果期 7—10 月。

生境与分布： 生长于林下、灌丛草甸及水边湿地；产蓟州，常见；州河、沟河、蓟运河河滨岸带有分布。

蔷薇科 - 蛇莓属
Rosaceae-*Duchesnea*

· **蛇莓** *Duchesnea indica*

别　　名: 东方草莓、龙吐珠
生活型: 多年生草本
形态特征: 根茎短，粗壮；匍匐茎多数，长 30~100 cm，有柔毛。小叶片倒卵形至菱状长圆形，先端圆钝，边缘有钝锯齿，两面皆有柔毛，或上面无毛，具小叶柄；叶柄长 1~5 cm，有柔毛；托叶窄卵形至宽披针形。花单生于叶腋，花梗长 3~6 cm，有柔毛；萼片卵形，先端锐尖，外面有散生柔毛；副萼片倒卵形，比萼片长，先端常具 3~5 个锯齿；花瓣倒卵形，黄色，先端圆钝；花托在果期膨大。瘦果卵形。花果期 6—10 月。
生境与分布: 生长于山坡、河岸、草地、潮湿的地方，喜阴凉温湿的环境；产蓟州山区，偶见；淋河、关东河河滨岸带有分布。

蔷薇科 – 委陵菜属
Rosaceae-*Potentilla*

· 朝天委陵菜　*Potentilla supina*

别　　名：鸡毛菜、铺地委陵菜、仰卧委陵菜、伏萎陵菜

生 活 型：一年生或二年生草本

形态特征：高 10~50 cm，茎平铺或倾斜伸展，分枝多，有疏柔毛。羽状复叶，基生叶有长柄；有小叶 7~13 片，小叶倒卵形或长圆形，顶端圆钝，边缘有缺刻状锯齿，上面无毛，下面微生柔毛或近无毛；托叶阔卵形，3 浅裂。花单生于叶腋，直径 6~8 mm；花梗长 8~15 mm，有时可达 30 mm；内外萼片各 5 片，等长，内萼片较宽；花瓣黄色，倒卵圆形，与萼片等长；花托里面有密柔毛。瘦果卵圆形，黄褐色，有纵皱纹。花果期 4—9 月。

生境与分布：生长于山坡、湿润土壤、路旁、水边、沙滩；产天津各地，常见；各河流水系河滨岸带均有分布。

蔷薇科 - 委陵菜属
Rosaceae-*Potentilla*

· 委陵菜 *Potentilla chinensis*

别　　名: 萎陵菜、二岐委陵菜

生 活 型: 多年生草本

形态特征: 根肥大, 木质化。茎丛生, 直立或斜上, 有白色绒毛。羽状复叶, 基生叶有小叶 15~31 片, 小叶长圆状倒卵形或长圆形, 羽状深裂, 裂片三角状披针形, 上面绿色, 有短柔毛, 下面密生白色绵毛, 上部小叶片较长, 叶柄长 1.5 cm; 托叶和叶柄基部合生。茎生叶与基生叶相似。聚伞花序顶生, 花多数, 总花梗和花梗均有白色绒毛或柔毛; 花萼外有长柔毛, 外萼片(副萼)狭长圆形或线形, 内萼片三角状卵圆形, 稍长于外萼片: 花瓣黄色, 宽倒卵圆形。瘦果卵形, 有肋纹, 多数, 聚生于有绵毛的花托上。花果期 4—10 月。

生境与分布: 生长于向阳山坡、路旁、沟边、林缘; 产天津各地, 少见; 州河、潮白新河河滨岸带有分布。

蔷薇科 – 委陵菜属
Rosaceae-*Potentilla*

· 绢毛匍匐委陵菜 *Potentilla reptans var. sericophylla*

别　　名：五爪龙、绢毛细蔓萎陵菜

生 活 型：多年生匍匐草本

形态特征：匍匐枝长 20~100 cm，节上生不定根，被稀疏柔毛或脱落几无毛。基生叶为三出掌状复叶，边缘两个小叶浅裂至深裂，有时混生有不裂者，小叶下面及叶柄伏生绢状柔毛；纤匍枝上叶与基生叶相似；基生叶托叶膜质，褐色，外面几无毛，匍匐枝上托叶草质，绿色，卵状长圆形或卵状披针形，全缘稀有 1~2 齿，顶端渐尖或急尖。单花自叶腋生或与叶对生；萼片卵状披针形，顶端急尖，外面被疏柔毛，果时显著增大；花瓣黄色，宽倒卵形，顶端显著下凹。瘦果黄褐色，卵球形，外面被显著点纹。花果期 4—9 月。

生境与分布：生长于山坡草地、渠旁、溪边灌丛中及林缘；产天津蓟州山区，少见；沟河河滨岸带有分布。

蔷薇科 - 绣线菊属
Rosaceae-*Spiraea*

· 三裂绣线菊 *Spiraea trilobata*

别　　名： 三桠绣球、团叶绣球

生 活 型： 灌木

形态特征： 高 1~2 m。叶近圆形或倒卵形，长 1.7~3 cm，宽 1.5~3 cm，顶端钝，常 3 裂，基部圆形，楔形或亚心形，边缘自中部以上有少数圆钝齿，两面无毛。伞形花序具总梗，无毛，花 15~30 朵，花小，白色，直径 6~8 mm；萼筒钟状，无毛，萼片 5，直立，三角形，顶端急尖；花瓣 5，白色宽倒卵形；雄蕊 18~20，比花瓣短；心皮 5，离生，子房有短柔毛，花柱顶生稍倾斜，比雄蕊短。蓇葖果 5。花果期 5—8 月。

生境与分布： 生长于低山向阳山坡或灌丛中，极为常见；产蓟州山区；蓟州山区各河流河滨岸带均有分布。

豆科 - 决明属
Fabaceae-*Senna*

· 决明 *Senna tora*

别　　名： 草决明

生 活 型： 一年生亚灌木状草本

形态特征： 茎直立、粗壮，高 1~2 m。叶长 4~8 cm；叶柄上无腺体；叶轴上每对小叶间有棒状腺体 1 枚；小叶 3 对，膜质，倒卵形或倒卵状长椭圆形，顶端圆钝，有小尖头，基部渐狭，偏斜，上面被稀疏柔毛，下面被柔毛；托叶线状，被柔毛，早落。花腋生，通常 2 朵聚生；萼片稍不等大，卵形或卵状长圆形，膜质，外面被柔毛；花瓣黄色，下面两片略长。荚果纤细，近四棱形，两端渐尖，膜质；种子约 25 颗，菱形，光亮。花果期 8—11 月。

生境与分布： 生长于荒野及河滩沙地上，天津有栽培或有时逸为野生；潮白新河、永定河河滨岸带有分布。

豆科 - 山扁豆属
Fabaceae-Chamaecrista

· **豆茶决明** *Chamaecrista nomame*

别　　名: 山扁豆、水皂角、水通

生 活 型: 一年生草本

形态特征: 茎直立或铺散,高 30~60 cm,分枝或不分枝。偶数羽状复叶,小叶 8~28 对,花叶柄的上端有一黑褐色、盘状、无柄的腺体;小叶线形或线状披针形,顶端圆或急尖,有短尖,基部圆形,偏斜。花生于叶腋,单生或 2 至数朵排成短总状花序;萼片 5,分离,披针形,外面疏生毛;花冠黄色。荚果扁平,线状长圆形,开裂,有 6~12 颗种子;种子扁,近菱形,平滑。花果期 7~9 月。

生境与分布: 生长于河堤、山坡、草丛或路边荒地;产蓟州,少见;州河、淋河河滨岸带有分布。

豆科 - 苜蓿属
Fabaceae-Medicago

· 紫苜蓿 *Medicago sativa*

别　　名： 紫花苜蓿、苜草、牧蓿、木粟

生 活 型： 多年生草本

形态特征： 高 30~100 cm；茎直立、丛生以至平卧，四棱形；羽状三出复叶；托叶大，卵状披针形；小叶长卵形、倒长卵形或线状卵形，等大，或顶生小叶稍大，边缘 1/3 以上具锯齿，上面无毛，下面被贴伏柔毛。总状或头状花序，具 5~10 花；花序梗比叶长；苞片线状锥形，比花梗长或与其等长；花萼钟形，萼齿比萼筒长；花冠淡黄、深蓝或暗紫色，花瓣均具长瓣柄，旗瓣长圆形，明显长于翼瓣和龙骨瓣，龙骨瓣稍短于翼瓣。荚果螺旋状，有 10~20 颗种子。花果期 5—9 月。

生境与分布： 生长于田边、路旁、旷野、草原、河岸及沟谷等地；天津常见栽培，多呈半野生状态，各地均有分布。

豆科 - 苜蓿属
Fabaceae-Medicago

· **天蓝苜蓿** *Medicago lupulina*

别　　名：黑荚苜蓿、杂花苜蓿、米粒天蓝

生 活 型：多年生草本

形态特征：高可达 60 cm，全株被柔毛或有腺毛。主根浅，须根发达。茎平卧或上升，多分枝，叶茂盛。羽状三出复叶；托叶卵状披针形；小叶倒卵形、阔倒卵形或倒心形。花序小头状，总花梗细，挺直，比叶长，密被贴伏柔毛；苞片刺毛状，甚小；花冠黄色，旗瓣近圆形。荚果肾形，表面具同心弧形脉纹，被稀疏毛，熟时变黑；有种子 1 粒；种子卵形，褐色，平滑。花果期 7—10 月。

生境与分布：生长于田边、路旁、林缘草地，常见于水边或湿地，常成群丛生长；产蓟州；州河滨岸带有分布。

豆科 - 草木樨属

Fabaceae-*Melilotus*

· 细齿草木樨 *Melilotus dentatus*

别　　名：无味草木樨

生 活 型：二年生草本

形态特征：高 20~50（~80）cm。茎直立，圆柱形，无毛。羽状三出复叶；托叶较大，披针形至狭三角形，叶柄细，小叶长椭圆形至长圆状披针形，先端圆，中脉从顶端伸出成细尖，上面无毛，下面稀被细柔毛；顶生小叶稍大，具较长的小叶柄。总状花序腋生，花排列疏松；苞片刺毛状，被细柔毛；花萼钟形，萼齿三角形，比萼筒短或等长；花冠黄色，旗瓣长圆形，花柱稍短于子房。荚果近圆形至卵形，先端圆，种子圆形，橄榄绿色。花果期 6—10 月。

生境与分布：生长于山坡、沟边、田埂及田野较潮湿的草丛中，亦生长在轻盐渍化低湿地及盐碱草甸，为盐生植物；产天津各地，常见；平原各河流水系河滨岸带均有分布。

豆科 - 草木樨属
Fabaceae-*Melilotus*

· 草木樨 *Melilotus suaveolens*

别　　名： 黄香草木樨、辟汗草、黄花草木樨

生 活 型： 二年生草本植物

形态特征： 高可达 250 cm。茎直立，粗壮，多分枝，羽状三出复叶；托叶镰状线形，叶柄细长；小叶片倒卵形、阔卵形、倒披针形至线形，上面无毛，粗糙，下面散生短柔毛，顶生小叶稍大。总状花序腋生，具花，初时稠密，花开后渐疏松，苞片刺毛状，花梗与苞片等长或稍长；萼钟形，萼齿三角状披针形，花冠黄色，旗瓣倒卵形。荚果卵形。种子卵形，黄褐色，平滑。花果期 5—10 月。

生境与分布： 生长在山坡、河岸、路旁、沙质草地及林缘；本种常与白花草木樨混生；产天津各地，常见；各河流水系河滨岸带均有分布。

豆科 - 草木樨属
Fabaceae-Melilotus

· 白花草木樨 *Melilotus albus*

别　　名: 白香草木樨、白甜车轴草

生 活 型: 一年生或二年生草本

形态特征: 高可达2 m。茎圆柱形,中空,直立,多分枝。羽状三出复叶,托叶尖刺状锥形,叶柄比小叶短,小叶片长圆形或倒披针状长圆形,上面无毛,下面被细柔毛,侧脉两面均不隆起,顶生小叶稍大。总状花序,腋生,具花,排列疏松;苞片线形,花梗短;萼钟形,萼齿三角状披针形,短于萼筒;花冠白色,子房卵状披针形。荚果椭圆形至长圆形。种子卵形,棕色,表面具细瘤点。花果期5—9月。

生境与分布: 生长于田边、路旁和山沟草丛;产武清区,偶见;永定新河河滨岸带有分布。

豆科 - 米口袋属
Fabaceae-*Gueldenstaedtia*

· 米口袋 *Gueldenstaedtia verna*

别　　名: 少花米口袋、狭叶米口袋

生 活 型: 多年生草本

形态特征: 主根圆锥状。分茎极缩短，叶及总花梗于分茎上丛生。托叶宿存，下面阔三角形，上面狭三角形，基部合生，外面密被白色长柔毛；叶在早春时长仅 2~5 cm，夏秋时可长达 15 cm，个别甚至可达 23 cm，早生叶被长柔毛，后生叶毛稀疏，甚几至无毛。伞形花序，有 2~6 朵花；总花梗具沟，被长柔毛，花期时较叶稍长，开花约与叶等长或短于叶长；苞片三角状线形；花萼钟状，被贴伏长柔毛；花冠紫堇色。荚果圆筒状，被长柔毛。种子三角状肾形，具凹点。花果期 4—6 月。

生境与分布: 生长于河滩、河堤、山坡、草地、田边等处；产天津环城四区、蓟州、武清、静海、宝坻、宁河，早春开花，常见；潮白新河、永定新河、独流减河、蓟运河、青龙湾河、州河河滨岸带有分布。

豆科 - 黄芪属
Fabaceae-Astragalus

· 糙叶黄芪 *Astragalus scaberrimus*

别　　名：春黄耆、粗糙紫云英、糙叶黄耆
生 活 型：多年生草本
形态特征：密被白色伏贴毛。根状茎短缩，多分枝，木质化；地上茎不明显或极短，有时伸长而匍匐。羽状复叶有 7~15 片小叶；叶柄与叶轴等长或稍长；托叶下部与叶柄贴生，上部呈三角形至披针形；小叶椭圆形或近圆形，有时披针形，两面密被伏贴毛。总状花序生 3~5 花，排列紧密或稍稀疏；苞片披针形，较花梗长；花萼管状，被细伏贴毛，萼齿线状披针形，与萼筒等长或稍短；花冠淡黄色或白色。荚果披针状长圆形，微弯，具短喙，密被白色伏贴毛。花果期 4—9 月。
生境与分布：生长于向阳山坡、路旁、河滩沙地及平原干旱的荒地上；产天津各地，偶见；永定新河河滨岸带有分布。

豆科 - 黄芪属
Fabaceae-*Astragalus*

· 斜茎黄芪 *Astragalus laxmannii*

别　　名：沙打旺、直立黄芪、地丁、斜茎黄耆

生 活 型：多年生草本

形态特征：高 20~100 cm；根较粗壮，暗褐色，有时有长主根；茎丛生，直立或斜上；羽状复叶有 9~25 片小叶，叶柄较叶轴短；托叶三角形，渐尖，基部稍合生或有时分离；小叶长圆形、近椭圆形或狭长圆形，上面疏被伏贴毛，下面较密。总状花序长圆柱状，生于叶腋；花萼筒状，萼齿 5，有黑色丁字毛；花冠近蓝色或红紫色，倒卵状长圆形。荚果长圆形，顶端具下弯短喙，被黑或褐或混生的白色毛，假 2 室。花果期 7—12 月。

生境与分布：生长于山坡草地、沟边、林缘和灌丛中；产天津蓟州、武清、静海、滨海新区，偶见；潮白新河、永定新河河滨岸带有分布。

豆科 - 黄芪属
Fabaceae-*Astragalus*

· 华黄芪 *Astragalus chinensis*

别　　名: 地黄耆、华黄耆

生 活 型: 多年生草本

形态特征: 茎直立，无毛，高 30~90 cm。奇数羽状复叶；小叶 17~25 片，线状长圆形，顶端圆钝，有小尖头，基部圆形，上面无毛，下面疏生短柔毛。总状花序生于叶腋；花多数；花萼钟状，长约 5 mm，近无毛；花冠黄色，长约 1.5 cm，翼瓣长为龙骨瓣的 2/3；子房有长柄。荚果椭圆形，膨胀，革质，有密横纹，长 1~1.5 cm，宽 5~6 mm，成熟后开裂。花期 6—7 月，果期 8 月。

生境与分布: 生长于盐碱地、沙质地、向阳山坡、草地；产天津各地，少见；青龙湾河、潮白新河河滨岸带有分布。

豆科 - 蔓黄芪属
Fabaceae-*Phyllolobium*

· 蔓黄芪 *Phyllolobium chinense*

别　　名： 背扁黄耆、背扁黄芪、背扁膨果豆

生 活 型： 多年生草本

形态特征： 主根圆柱状，长约 100 cm；茎平卧，单一至多数，有棱，无毛或疏被粗短硬毛，分枝；羽状复叶具 9~25 片小叶；托叶离生，披针形，长 3 mm；小叶椭圆形或倒卵状长圆形，先端钝或微缺，基部圆形，上面无毛，下面疏被粗伏毛，小叶柄短。总状花序生 3~7 花，较叶长；总花梗长 1.5~6 cm，疏被粗伏毛；苞片钻形；花梗短。荚果略膨胀，狭长圆形，两端尖，背腹压扁，微被褐色短粗伏毛，有网纹，果颈不露出宿萼外。花果期 7—10 月。

生境与分布： 生长于路边、沟岸、草坡及干草场。《天津植物志》未有记录，北辰永定新河郊野公园段河滨岸带有分布。

豆科 - 胡枝子属

Fabaceae-*Lespedeza*

· 兴安胡枝子　*Lespedeza davurica*

别　　名：毛果胡枝子、达呼尔胡枝子、达呼里胡枝子

生 活 型：小灌木

形态特征：高可达 1 m。茎通常稍斜升。羽状复叶，托叶线形，小叶片长圆形或狭长圆形，上面无毛，下面被贴伏的短柔毛；顶生小叶较大。总状花序腋生；总花梗密生短柔毛；小苞片披针状线形，有毛；花萼外面被白毛，萼裂片披针形，花冠白色或黄白色，旗瓣长圆形，翼瓣长圆形，龙骨瓣比翼瓣长，先端圆形。荚果小，倒卵形或长倒卵形，基部稍狭，两面凸起，有毛。花果期 7—10 月。

生境与分布：生长于干河堤、滩地、山坡、路边草地上；产天津各地，常见；各河流水系河滨岸带均有分布。

豆科 - 鸡眼草属
Fabaceae-*Kummerowia*

· 长萼鸡眼草 *Kummerowia stipulacea*

别　　名：圆叶鸡眼草、野苜蓿草、鸡眼草

生 活 型：一年生草本

形态特征：高 7~15 cm。茎平伏、上升或直立；茎和枝上被疏生向上的白毛。叶具 3 小叶；托叶较叶柄长或有时近等长；小叶倒卵形、宽倒卵形或倒卵状楔形，先端微凹或近截形，基部楔形，下面中脉及边缘有毛，侧脉多而密。花常 1~2 朵簇生于叶腋；花萼 5 裂，有缘毛，基部具 4 枚小苞片；花冠上部暗紫色，下部渐窄成瓣柄，较龙骨瓣短，翼瓣窄披针形，与旗瓣近等长，龙骨瓣钝，上面有暗紫色斑点。荚果椭圆形或卵形，稍侧扁。花果期 7—10 月。

生境与分布：生长于山坡、路旁、田边及荒草地；产天津各地，偶见；州河、青龙湾河、潮白新河、蓟运河河滨岸带有分布。

豆科 - 野豌豆属
Fabaceae-*Vicia*

· 大花野豌豆 *Vicia bungei*

别　　名： 野豌豆、毛苕子、老豆蔓、三齿草藤、山豌豆、三齿野豌豆、山黧豆

生 活 型： 一二年生缠绕或匍匐伏草本

形态特征： 高 15~50 cm。茎有棱，多分枝，近无毛。偶数羽状复叶顶端卷须有分枝；托叶半箭头形，有锯齿；小叶 3~5 对，长圆形或狭倒卵长圆形，先端平截微凹，稀齿状，上面叶脉不甚清晰，下面叶脉明显被疏柔毛。总状花序长于叶或与叶轴近等长；具花 2~4 (~5) 朵，着生于花序轴顶端，萼钟形，被疏柔毛，萼齿披针形；花冠红紫色或金蓝紫色，旗瓣倒卵披针形。荚果扁长圆形。花果期 4—7 月。

生境与分布： 生长于河堤、路边、田野、湿地或山谷；产天津蓟州、宝坻、宁河，偶见；蓟运河、潮白新河河滨岸带有分布。

豆科 - 大豆属
Fabaceae-*Glycine*

· 野大豆 *Glycine soja*

别　　名： 乌豆、野黄豆、白花野大豆
生 活 型： 一年生缠绕草本
形态特征： 茎、小枝纤细，全体疏被褐色长硬毛。叶具3小叶；托叶卵状披针形，急尖，被黄色柔毛；顶生小叶卵圆形或卵状披针形，先端锐尖至钝圆，基部近圆形，全缘，两面均被绢状的糙伏毛；侧生小叶斜卵状披针形。总状花序通常短；花梗密生黄色长硬毛；苞片披针形；花冠淡红紫色或白色，旗瓣近圆形，先端微凹，基部具短瓣柄，翼瓣斜倒卵形，龙骨瓣比旗瓣及翼瓣短小，密被长毛。荚果长圆形，稍弯，两侧稍扁，种子间稍缢缩，干时易裂。花果期7—10月。
生境与分布： 生长于河滩地、山野草地、苇塘；产天津各地，常见，为国家二级重点保护植物；天津各河流水系河滨岸带均有分布。

酢浆草科 - 酢浆草属

Oxalidaceae-*Oxalis*

· 酢浆草　*Oxalis corniculata*

别　　名：酸三叶、酸醋酱、鸠酸等

生 活 型：多年生草本

形态特征：高 10~35 cm，全株被柔毛。根茎稍肥厚。茎细弱，多分枝，直立或匍匐。叶基生或茎上互生；托叶小，长圆形或卵形，边缘被密长柔毛，基部与叶柄合生，或同一植株下部托叶明显而上部托叶不明显；叶柄基部具关节；小叶 3，无柄，倒心形，先端凹入，基部宽楔形，两面被柔毛或表面无毛，沿脉被较密，边缘具贴伏缘毛。花单生或数朵集为伞形花序状，腋生，总花梗淡红色，与叶近等长；花瓣 5，黄色，长圆状倒卵形。蒴果长圆柱形。花果期 5—9 月。

生境与分布：生长于山坡林下、山沟、路旁、沟渠和荒草地、潮湿墙边，也常于室内栽培；产天津各地，常见；洵河、州河、蓟运河、潮白新河、永定新河河滨岸带有分布。

牻牛儿苗科 - 牻牛儿苗属
Geraniaceae-*Erodium*

· 牻牛儿苗 *Erodium stephanianum*

别　名： 太阳花

生 活 型： 多年生草本

形态特征： 高 15~50 cm；茎多数，仰卧或蔓生，被柔毛。叶对生，二回羽状深裂，小裂片卵状条形，全缘或疏生齿，表面疏被伏毛，背面被柔毛，沿脉毛被较密。伞形花序每梗具 2~5 花，腋生，花序梗被开展长柔毛和倒向短柔毛；萼片矩圆状卵形，长 6~8 mm，先端具长芒，被长糙毛；花瓣紫红色，倒卵形，先端圆或微凹。蒴果长约 4 cm，密被糙毛。花果期 6—9 月。

生境与分布： 生长于山坡、河岸沙地、草丛、田埂及村舍附近；产天津各地，常见；各河流水系河滨岸带均有分布。

牻牛儿苗科 - 老鹳草属

Geraniaceae-*Geranium*

· 鼠掌老鹳草　*Geranium sibiricum*

别　　名: 鼠掌草、西伯利亚牻牛儿草

生 活 型: 一年生或多年生草本

形态特征: 高30~70 cm。茎纤细,仰卧或近直立,多分枝,具棱槽,被倒向疏柔毛。叶对生;托叶披针形,棕褐色,长8~12 cm,先端渐尖,基部抱茎,外被倒向长柔毛;基生叶和茎下部叶具长柄,柄长为叶片的2~3倍;下部叶片肾状五角形,基部宽心形,掌状5深裂。总花梗丝状,单生于叶腋,长于叶;苞片对生,棕褐色、钻伏、膜质,生于花梗中部或基部;萼片卵状椭圆形或卵状披针形;花瓣倒卵形,淡紫色或白色。蒴果被疏柔毛,花果期6—9月。

生境与分布: 生长于林缘、疏灌丛、河谷草甸或为杂草;产天蓟州山区,少见;淋河、关东河河滨岸带有分布。

蒺藜科 - 蒺藜属
Zygophyllaceae -*Tribulus*

· **蒺藜** *Tribulus terrestris*

别　　名：白蒺藜、蒺藜狗

生 活 型：一年生草本

形态特征：茎由基部分枝，平卧，全株密生丝状柔毛。偶数羽状复叶，互生或对生，小叶5~8对，长圆形，顶端锐尖或钝，基部稍偏科，全缘，上面叶脉上有细毛，下面密生白色伏毛；托叶小，边缘半透明状膜质；有叶柄和小叶柄。花单生，腋生，花梗短于叶，花黄色；萼片5，宿存；花瓣5；雄蕊10，生于花盘基部，基部有鳞片状腺体。果实由5个分果瓣组成，扁球形，直径约1cm；每果瓣具刺，背面有硬毛和瘤状凸起，有2~3粒种子，种子间有隔膜。花果期5—9月。

生境与分布：喜钙质土地、荒地、田边、河川流域的石砾质冲积地，耐旱；产天津各地，常见；天津各河流水系河滨岸带均有分布。

白刺科 - 白刺属
Nitrariaceae -*Nitraria*

· **小果白刺**　*Nitraria sibirica*

别　　名： 西伯利亚白刺等

生 活 型： 落叶灌木

形态特征： 多分枝，枝铺散地面，弯曲，有时直立，枝上生不定根；小枝灰白色，有贴生丝状毛，顶端针刺状。叶无柄，常4~6片簇生，肉质，倒卵状匙形或倒披针形，顶端钝圆，有小突尖，基部窄楔形，无毛或嫩时有柔毛；托叶早落。蝎尾状聚伞花序生于嫩枝顶端，有疏柔毛；花小，萼片5，绿色；花瓣5，白色或微带淡蓝色，长圆形。核果近球形、椭圆形或锥状卵形，两端钝圆，成熟时黑紫色，果汁蓝紫色，味甜而微咸。果核卵形，顶端尖。花果期5—8月。

生境与分布： 喜盐碱，生内陆和沿海盐渍化沙地，是盐渍土指示植物，又是重要的防风固沙植物；产滨海新区，常见；滨海新区各河流水系河滨岸带均有分布。

大戟科 - 铁苋菜属
Euphorbiaceae -*Acalypha*

· 铁苋菜 *Acalypha australis*

别　　名: 蛤蜊花、海蚌含珠、蚌壳草

生 活 型: 一年生草本

形态特征: 高 0.2~0.5 m，小枝被平伏柔毛。叶长卵形、近菱状卵形或宽披针形，长 3~9 cm，先端短渐尖，基部楔形，具圆齿，基脉 3 条，侧脉 3 对；叶柄长 2~6 cm，被柔毛，托叶披针形，具柔毛。花序长 1.5~5 cm，雄花集成穗状或头状，生于花序上部，下部具雌花；雌花苞片 1~2(~4)，卵状心形，长 1.5~2.5 cm，具齿；雄花花萼无毛；雌花 1~3 朵生于苞腋；萼片 3。蒴果绿色，径 4 mm，具疏生毛和小瘤体；种子卵形，光滑，假种阜细长。花果期 4—10 月。

生境与分布: 生长于平原或山坡较湿润的耕地和空旷草地；产天津各地，常见；各河流水系河滨岸带均有分布。

大戟科 - 大戟属

Euphorbiaceae -*Euphorbia*

· 大戟　*Euphorbia pekinensis*

别　　名： 京大戟

生活型： 多年生草本

形态特征： 茎单生或自基部多分枝，每个分枝上部又 4~5 分枝，高 40~80 cm，被白色短柔毛。叶互生，常为椭圆形，少为披针形或披针状椭圆形，变异较大，全缘，近无柄；叶上面深绿色，下面灰绿色，主脉白而隆起，侧脉羽状，不明显；总苞叶 4~7 枚，长椭圆形，先端尖，基部近平截；苞叶 2 枚，近圆形，先端具短尖头，基部平截或近平截。总花序单生于二歧分枝顶端，无柄；总苞杯状；雄花多数，伸出总苞之外；雌花 1 枚，具较长的子房柄。蒴果球状，被稀疏的瘤状突起，成熟时分裂为 3 个分果爿；花柱宿存且易脱落。种子长球状，暗褐色或微光亮，腹面具浅色条纹。花果期 5—9 月。

生境与分布： 生长于山坡、灌丛、路旁、荒地、草丛、林缘和疏林内；产天津蓟州，山区常见；黑水河、淋河、泃河上段河滨岸带有分布。

大戟科 - 大戟属
Euphorbiaceae -*Euphorbia*

· 乳浆大戟 *Euphorbia esula*

别　　名: 华北大戟、猫眼草

生 活 型: 多年生草本

形态特征: 茎单生或丛生，单生时自基部多分枝，高 30~60 cm，直径 3~5 mm；不育枝常发自基部，较矮，有时发自叶腋。叶线形至卵形，变化极不稳定，先端尖或钝尖，基部楔形至平截，无叶柄；不育枝叶常为松针状；无柄；总苞叶 3~5 枚，与茎生叶同形；伞幅 3~5；苞叶 2 枚，常为肾形，少为卵形或三角状卵形，先端渐尖或近圆，基部近平截。花序单生于二歧分枝的顶端，基部无柄；总苞钟状，边缘 5 裂，裂片半圆形至三角形；腺体 4，新月形，两端具角，角长而尖或短而钝，变异幅度较大，褐色。蒴果三棱状球形，具 3 个纵沟；花柱宿存；成熟时分裂为 3 个分果爿；种子卵球状。花果期 4—10 月。

生境与分布: 生长于路旁、杂草丛、山坡、林下、河沟边、荒山、沙丘及草地；产天津蓟州；洵河、黑水河河滨岸带有分布。

大戟科 - 大戟属

Euphorbiaceae -*Euphorbia*

· 齿裂大戟 *Euphorbia dentata*

别　　名：紫斑大戟、齿叶大戟

生活型：一年生草本

形态特征：茎单一，上部多分枝，高 20~50 cm，被柔毛或无毛。叶对生，线形至卵形，多变化，先端尖或钝，基部渐狭；边缘全缘、浅裂至波状齿裂，多变化；叶两面被毛或无毛；叶柄长 3~20 mm，被柔毛或无毛；总苞叶 2~3 枚，与茎生叶相同；苞叶数枚，与退化叶混生。花序数枚，聚伞状生于分枝顶部；总苞钟状，边缘 5 裂，裂片三角形，边缘撕裂状。蒴果扁球状，具 3 个纵沟；成熟时分裂为 3 个分果爿；种子卵球状，具不规则瘤状突起。花果期 7—10 月。

生境与分布：生长于杂草丛、路旁及沟边；属外来入侵植物，《天津植物志》未记录，原产北美；永定河河滨岸带有分布。

大戟科 - 大戟属
Euphorbiaceae -*Euphorbia*

· 地锦草　*Euphorbia humifusa*

别　　名： 干根草、奶汁草
生 活 型： 一年生草本
形态特征： 茎匍匐，自基部以上多分枝，偶尔先端斜向上伸展，基部常红色或淡红色，长达 30 cm，被柔毛或疏柔毛。叶对生，矩圆形或椭圆形，先端钝圆，基部偏斜，略渐狭，边缘常于中部以上具细锯齿；叶面绿色，叶背淡绿色，有时淡红色，两面被疏柔毛；叶柄极短。花序单生于叶腋，基部具短柄；总苞陀螺状，边缘 4 裂，裂片三角形；腺体 4，矩圆形，边缘具白色或淡红色附属物。蒴果三棱状卵球形，成熟时分裂为 3 个分果爿，花柱宿存。花果期 5—10 月。
生境与分布： 生长于河堤、路旁、田间、荒地、山坡、海滩；产天津各地，为常见田间杂草；各河流水系河滨岸带均有分布。

大戟科 - 大戟属

Euphorbiaceae -*Euphorbia*

· 斑地锦草　*Euphorbia maculata*

别　　名：斑地锦

生 活 型：一年生草本

形态特征：茎匍匐，长 10~17 cm，被白色疏柔毛。叶对生，长椭圆形至肾状长圆形，先端钝，基部偏斜，不对称，略呈渐圆形，边缘中部以下全缘，中部以上常具细小疏锯齿；叶面绿色，中部常具一个长圆形的紫色斑点，叶背淡绿色或灰绿色，新鲜时可见紫色斑，干时不清楚，两面无毛；叶柄极短；托叶钻状，不分裂，边缘具睫毛。花序单生于叶腋，基部具短柄；总苞狭杯状，边缘 5 裂，裂片三角状圆形。蒴果三角状卵形，被稀疏柔毛，成熟时易分裂为 3 个分果爿。花果期 4—9 月。

生境与分布：生长于平原或低山坡的路旁；产天津各地。

大戟科 - 大戟属
Euphorbiaceae -*Euphorbia*

· 通奶草 *Euphorbia hypericifolia*

别　　名： 小飞扬草、南亚大戟

生 活 型： 一年生草本

形态特征： 茎直立，自基部分枝或不分枝，高 15~30cm，无毛或被少许短柔毛。叶对生，狭长圆形或倒卵形，通常偏斜，不对称，边缘全缘或基部以上具细锯齿，上面深绿色，下面淡绿色，有时略带紫红色，两面被稀疏的柔毛，或上面的毛早脱落；叶柄极短；托叶三角形，分离或合生。苞叶 2 枚，与茎生叶同形。花序数个簇生于叶腋或枝顶，每个花序基部具纤细的柄；总苞陀螺状，边缘 5 裂，裂片卵状三角形。蒴果三棱状，成熟时分裂为 3个分果爿。花果期 8—12 月。

生境与分布： 生长于旷野荒地、路旁、灌丛及田间；产蓟州区、宝坻区、北辰区，少见；潮白新河、永定新河河滨岸带有分布。

叶下珠科 - 叶下珠属
Phyllanthaceae -*Phyllanthus*

· **叶下珠** *Phyllanthus urinaria*

别　　名: 珠仔草、龙珠草、夜合草等

生 活 型: 一年生草本

形态特征: 高 10~60 cm; 基部多分枝; 叶纸质, 长圆形或倒卵形, 长 0.4~1 cm, 下面灰绿色, 近边缘有 1~3 列短粗毛, 侧脉 4~5 对; 叶柄极短, 托叶卵状披针形, 长约 1.5 mm; 花雌雄同株; 雄花 2~4 朵簇生于叶腋, 常仅上面 1 朵开花; 花梗长约 0.5 mm, 基部具苞片 1~2 枚; 萼片 6, 倒卵形; 雄蕊 3, 花丝合生成柱; 花盘腺体 6, 分离。蒴果球形, 径 1~2 mm, 红色, 具小凸刺, 花柱和萼片宿存; 种子长 1.2 mm, 橙黄色。花果期 4—11 月。

生境与分布: 生长于海拔 500 m 以下的旷野平地、旱田、山地路旁或林缘; 产蓟州、武清、宁河, 少见; 黑水河、泃河、州河、潮白新河河滨岸带有分布。

叶下珠科 - 雀舌木属
Phyllanthaceae -*Leptopus*

· **雀儿舌头** *Leptopus chinensis*

别　　名： 线叶雀舌木、小叶雀舌木、云南雀舌木、粗毛雀舌木

生 活 型： 小灌木

形态特征： 直立灌木，高可达 3 m；茎上部和小枝条具棱；枝条、叶片膜质至薄纸质，卵形、近圆形、椭圆形或披针形，叶面深绿色，叶背浅绿色；侧脉在叶面扁平，在叶背微凸起；托叶小，卵状三角形，边缘被睫毛。花小，雌雄同株，单生或簇生于叶腋，萼片、花瓣和雄蕊均为 5；雄花：花梗丝状，花瓣白色，匙形，雄蕊离生，花丝丝状，花药卵圆形；雌花花瓣倒卵形，花盘环状，裂片长圆形；子房近球形。蒴果圆球形或扁球形。花果期 6—10 月。

生境与分布： 生长于山坡、路边、沟边、田埂、林缘；产蓟州，常见；黑水河、关东河、沟河河滨岸带有分布。

鼠李科 - 枣属

Rhamnaceae -*Ziziphus*

· 酸枣 *Ziziphus jujuba var. Spinosa*

别　　名：山枣树、硬枣、角针、酸枣树、棘

生 活 型：落叶灌木或小乔木

形态特征：高 1~4 m；小枝称之字形弯曲，紫褐色。酸枣树上的托叶刺有 2 种，一种直伸，长达 3 cm，另一种常弯曲。叶互生，叶片椭圆形至卵状披针形，长 1.5~3.5 cm，宽 0.6~1.2 cm，边缘有细锯齿，基部 3 出脉。花黄绿色， 2~3 朵簇生于叶腋。核果小，近球形或短矩圆形，熟时红褐色，近球形或长圆形，长 0.7~1.2 cm，味酸，核两端钝。花期 6—7 月，果期 8—9 月。

生境与分布：生长于向阳、干燥山坡，丘陵或平原；产天津各地，蓟州山区常见，其他地区少见；各河流水系河滨岸带均有分布。

葡萄科 - 蛇葡萄属

Vitaceae -*Ampelopsis*

· **葎叶蛇葡萄** *Ampelopsis humulifolia*

别　　名：小接骨丹、葎叶白蔹、七角白蔹

生 活 型：木质藤本

形态特征：小枝圆柱形，有纵棱纹，无毛；卷须 2 叉分枝。叶为单叶，3~5 浅裂或中裂，裂片宽阔，上部裂缺凹成钝角或锐角，稀不裂，心状五角形或肾状五角形，先端尖，基部心形，具粗锯齿，通常齿尖，下面无毛或沿脉被疏柔毛。多歧聚伞花序与叶对生；花蕾卵圆形，顶端圆形；萼碟形，边缘呈波状，外面无毛；花瓣 5，卵椭圆形。果近球形，有种子 2~4 颗；种子腹面两侧洼穴向上达种子上部 1/3 处。花果期 5—9 月。

生境与分布：生长于山沟地边或灌丛林缘或林中；产蓟州山区，常见；黑水河、关东河、泃河河滨岸带有分布。

锦葵科 - 扁担杆属
Malvaceae-Grewia

· 扁担杆 *Grewia biloba*

别　　名： 扁担木、孩儿拳头
生 活 型： 灌木或小乔木
形态特征： 高 1~4 m；分多枝；落叶灌木；叶薄革质，椭圆形或倒卵状椭圆形，先端锐尖，基部楔形或钝，边缘有细锯齿；聚伞花序腋生，多花，萼片狭长圆形，花瓣短小，约为花萼 1/4；雌雄蕊具短柄，花柱与萼片平齐，柱头扩大，盘状，有浅裂；核果红色，有 2~4分核；无毛，2 裂，每裂有 2 小核。花果期 6—10 月。
生境与分布： 生长于丘陵、低山路边草地、灌丛或疏林；产蓟州山区，常见；黑水河、关东河、泃河河滨岸带有分布。

锦葵科 - 苘麻属
Malvaceae-Abutilon

· 苘麻 *Abutilon theophrasti*

别　　名： 苘、车轮草、磨盘草

生 活 型： 一年生亚灌木状草本

形态特征： 高 1~2 m，茎枝被柔毛。叶互生，圆心形，长 5~10 cm，先端长渐尖，基部心形，边缘具细圆锯齿，两面均密被星状柔毛；叶柄长 3~12 cm，被星状细柔毛；托叶早落。花单生于叶腋，花梗长 1~13 cm，被柔毛，近顶端具节；花萼杯状，密被短绒毛，裂片 5，卵形，长约 6 mm；花黄色，花瓣倒卵形。蒴果半球形，分果爿 15~20，被粗毛，顶端具长芒 2；种子肾形，褐色，被星状柔毛。花期 7—8 月。

生境与分布： 常见于路旁、河滩荒地和田野间；产天津各地，常见；各河流水系河滨岸带均有分布。

锦葵科 - 黄花稔属

Malvaceae-*Sida*

· 黄花稔 *Sida acuta*

别　　名: 黄花地桃花、黄花母

生 活 型: 直立亚灌木状草本

形态特征: 高 1~2 m; 分枝多, 小枝被柔毛至近无毛。叶披针形, 先端短尖或渐尖, 基部圆或钝, 具锯齿, 两面均无毛或疏被星状柔毛, 上面偶被单毛; 托叶线形, 与叶柄近等长, 常宿存。花单朵或成对生于叶腋, 花梗被柔毛, 中部具节; 萼浅杯状, 无毛, 下半部合生; 花黄色, 花瓣倒卵形, 先端圆, 基部狭长, 被纤毛。蒴果近圆球形, 分果爿 4~9, 通常为 5~6, 顶端具 2 短芒, 果皮具网状皱纹。花果期 6—9 月。

生境与分布: 常生长于山坡灌丛间、路旁、河堤或荒坡; 产蓟州、武清、宝坻、宁河, 常见; 州河、潮白新河、北运河、龙凤河、永定河、蓟运河河滨岸带有分布。

锦葵科 - 木槿属
Malvaceae-*Hibiscus*

· 野西瓜苗　*Hibiscus trionum*

别　　名：火炮草、黑芝麻、小秋葵、灯笼花、香铃草

生 活 型：一年生直立或平卧草本

形态特征：高 25~70 cm，茎柔软，被白色星状粗毛。叶二型，下部的叶圆形，不分裂，上部的叶掌状 3~5 深裂，中裂片较长，两侧裂片较短，裂片倒卵形至长圆形，通常羽状全裂，上面疏被粗硬毛或无毛，下面疏被星状粗刺毛；托叶线形，被星状粗硬毛。花单生于叶腋，花梗果时长达 4 cm，被星状粗硬毛；花萼钟形，淡绿色，被粗长硬毛或星状粗长硬毛；花淡黄色，内面基部紫色，外面疏被极细柔毛。蒴果长圆状球形，被粗硬毛，果爿 5，果皮薄。种子肾形，黑色，具腺状突起。花果期 7—10 月。

生境与分布：产天津各地，为常见田间杂草，喜生平原、山野或田埂。

柽柳科 - 柽柳属

Tamaricaceae- _Tamarix_

· 柽柳　_Tamarix chinensis_

别　　名： 三春柳、西河柳、红柳、香松

生 活 型： 灌木或小乔木

形态特征： 高 3~6（~8）m。老枝紫色或暗紫红色，有疏散开张常下垂，有细弱的小枝。叶披针形或披针状卵形，先端锐尖，有脊。花从春季到秋季均可开放，春季的总状花序侧生于去年枝上，夏秋两季总状花序生于当年枝上，常组成顶生圆锥花序；苞片窄披针形或钻形，稍长于花梗；花小；萼片 5，卵形，渐尖；花瓣 5，粉红色，矩圆形或倒卵状矩圆形，开张，宿存；雄蕊 5，长于花瓣；花柱 3；花盘 5 裂，裂片顶端微凹。蒴果圆锥形，熟时 3 裂。花果期 5—9 月。柽柳一年开花 3 次，因此又名"三春柳"。

生境与分布： 生长于河流冲积平原以及海滨、滩头、潮湿盐碱地和沙荒地，是一种抗盐碱、耐旱涝、抵贫瘠，改良土壤，美化环境，防风固沙的优良树种；产天津各地，常见；天津各河流水系河滨岸带均有分布，通常单株或数株分布，数量较少。

堇菜科 - 堇菜属
Violaceae-*Viola*

· 紫花地丁 *Viola philippica*

别　　名： 野堇菜、光瓣堇菜、辽堇菜

生 活 型： 多年生草本

形态特征： 无地上茎；高 4~14 cm；根状茎短，垂直，节密生，淡褐色。基生叶莲座状；下部叶较小，三角状卵形或窄卵形，上部较长，长圆形、窄卵状披针形或长圆状卵形，先端圆钝，基部平截或楔形，具圆齿，两面无毛或被细毛，果期叶长达 10 cm；叶柄果期上部具宽翅，托叶膜质，离生部分线状披针形，疏生流苏状细齿或近全缘。花紫堇色或淡紫色，稀呈白色，侧方花瓣粉红色，喉部有紫色条纹。蒴果长圆形；种子卵球形，淡黄色。花果期 3~8 月。

生境与分布： 喜阳光，喜湿润的环境，一般生于田间、荒地、山坡草丛、林缘或灌木丛中，在庭院较湿润处常形成小群落。紫花地丁耐荫也耐寒，不择土壤，适应性极强；产天津各地，早春开花，相对相似种早开堇菜来讲，其分布较少见；州河、北运河河滨岸带有分布。

堇菜科 - 堇菜属

Violaceae-*Viola*

· 早开堇菜 *Viola prionantha*

别　　名： 泰山堇菜、毛花早开堇菜

生 活 型： 多年生草本

形态特征： 无地上茎，高 3~10(~20)cm；根多条，细长，淡褐色；根状茎垂直。叶多数，均基生，叶在花期长圆状卵形、卵状披针形或窄卵形，基部微心形、平截或宽楔形，稍下延，幼叶两侧常向内卷折，密生细圆齿，两面无毛或被细毛，果期叶增大，呈三角状卵形，基部常宽心形；叶柄较粗，上部有窄翅，托叶苍白色或淡绿色，干后呈膜质。花紫堇色或紫色，喉部色淡有紫色条纹。蒴果长椭圆形；种子多数，卵球形，深褐色常有棕色斑点。花果期4—9月。

生境与分布： 生长于山坡草地、沟边、宅旁等向阳处；产天津各地，早春开花，常见；州河、北运河、永定新河、潮白新河河滨岸带有分布。

本种与紫花地丁的区别： 早开堇菜比紫花地丁颜色稍浅，花朵稍小；早开堇菜的矩是向上翘的，而紫花地丁的矩是向下弯折的；早开堇菜萼片稍带微齿，紫花地丁萼片则多为圆滑或呈梯形；早开堇菜的叶子圆胖，紫花地丁的叶子细长。

秋海棠科 - 秋海棠属
Begoniaceae-*Begonia*

· 中华秋海棠 *Begonia grandis subsp. sinensis*

别　　名: 珠芽秋海棠

生 活 型: 多年生草本

形态特征: 高 20~40（~70）cm。茎光滑。叶柄长 4~10 cm；叶片薄，纸质，斜卵形，先端渐尖，常呈尾状，基部极偏斜，偏心形，边缘有较稀疏的细锯齿；表面和面均无毛；托叶膜质，卵状披针形。花序生于枝顶叶腋内，呈稀正疏的聚伞状；雌雄同株；花粉红色；雄花花被片 4；雌花花被片 5。蒴果 2 棱，有 3 翅。花果期 7—9 月。

生境与分布: 喜阴凉、湿润环境，生长于阴湿的钙质土上，多见于石灰岩荫蔽的石缝中；产蓟州盘山、小港、下营、黄崖关等山地，少见；黑水河河滨岸带有分布，数量极少。

千屈菜科 - 千屈菜属

Lythraceae-*Lythrum*

· 千屈菜 *Lythrum salicaria*

别　　名：水柳、中型千屈菜、光千屈菜

生 活 型：多年生草本

形态特征：茎直立，多分枝，略被粗毛或密被绒毛，高 30~100 cm，全株青绿色，四棱形或六棱形，通常具 4 棱。叶对生或三叶轮生，披针形或阔披针形，有时略抱茎，全缘，无柄，有时基部略抱茎。总状花序顶生；花两性，数朵簇生于叶状苞片腋内，花梗及总梗极短；花萼筒状，萼筒外有 12 条细棱，稍被粗毛，顶端有 6 齿；花瓣 6，红紫色或淡紫色，倒披针状长椭圆形，基部楔形，着生于萼筒上部，有短爪，稍皱缩。蒴果扁圆形，包藏于萼内；种子小，多数。花果期 7—10 月。

生境与分布：生长于河岸、湖畔、溪沟边和潮湿草地；产天津各地，较常见；各河流水系河滨岸带均有分布，各河流滨海新区段分布数量较少。

千屈菜科 - 菱属

Lythraceae-*Trapa*

· 欧菱 *Trapa natans*

别　　名： 四角矮菱、红菱、菱角等

生 活 型： 一年生浮水水生草本

形态特征： 根二型；茎柔弱，分枝；叶二型，浮水叶互生，聚生于主茎和分枝茎顶端，形成莲座状菱盘，叶片三角形状菱圆形，表面深亮绿色，背面绿色带紫，疏生淡棕色短毛，叶边缘中上部具齿状缺刻或细锯齿，全缘，叶柄中上部膨大成海绵质气囊或不膨大；沉水叶小，早落。花小，单生于叶腋，花瓣 4，白色。果三角状菱形，具 4 刺角，2 肩角斜上伸，2 腰角向下伸，刺角扁锥状，果高和宽约 2 cm，刺角长 1~1.5 cm；果喙圆锥状、无果冠；种子白色，元宝形，两角钝，白色粉质。

生境与分布： 生长于河流、湖泊、沼泽、池塘中；产天津各地，常见；州河、洵河、淋河、蓟运河、潮白新河、北运河、龙凤河、永定河、永定新河、海河、南运河有分布，独流减河及独流减河以南河流未见有分布。

柳叶菜科 - 山桃草属
Onagraceae-*Gaura*

· **小花山桃草** *Gaura parviflora*

别　　名：绒毛山桃草、蜥蜴尾、光果小花山桃

生 活 型：一年生草本

形态特征：全株，尤茎上部、花序、叶、苞片、萼片密被伸展灰白色长毛与腺毛；茎直立，高 50~100 cm，不分枝，或在顶部花序之下少数分枝。基生叶宽倒披针形。茎生叶狭椭圆形、长圆状卵形，有时菱状卵形。花序穗状，有时有少数分枝，生茎枝顶端，常下垂；苞片线形；花管带红色；萼片绿色，线状披针形；花瓣白色，以后变红色，倒卵形；花丝基部具鳞片状附属物，花药黄色，长圆形，花粉在开花时或开花前直接授粉在柱头上（自花受精）。蒴果坚果状，纺锤形。花果期 7—9 月。

生境与分布：生长于坡地、河滩、农田、村旁，在河堤侧、铁路旁、河岸、公路等废弃地也能形成单优种群。原产北美洲中南部，属外来入侵植物（《中国外来入侵植物志》，马金双，2020 年）。天津仅在永定河老米店村段有分布，数量少，独流减河、永定新河河滨岸带有分布。

柳叶菜科 - 柳叶菜属
Onagraceae-*Epilobium*

· 柳叶菜 *Epilobium hirsutum*

别　　名: 鸡脚参、水朝阳花

生 活 型: 多年生半灌木状草本

形态特征: 茎高25~120 cm，中上部常多分枝，枝密生展开的白色长柔毛及短腺毛。叶草质，对生，茎上部的互生，无柄，并多少抱茎；茎生叶披针状椭圆形至狭倒卵形或椭圆形，稀狭披针形，先端锐尖至渐尖，基部近楔形；边缘具细锯齿，两面被长柔毛。总状花序直立；萼片长圆状线形，背面隆起成龙骨状；花瓣玫瑰红、粉红或紫红色，宽倒心形，先端凹缺；子房灰绿或紫色，柱头伸出稍高过雄蕊，4深裂。蒴果被毛，种子倒卵圆形，顶端具很短的喙。花果期6—9月。

生境与分布: 生长于河谷、溪流河床沙地、石砾地或沟边、湖边、沼泽地向阳湿处；产天津蓟州，较常见；黑水河、淋河、洵河、州河河滨岸带有分布。

柳叶菜科 - 月见草属
Onagraceae-*Oenothera*

· **黄花月见草** *Oenothera glazioviana*

别　　名：夜来香、山芝麻

生 活 型：直立二年生草本

形态特征：具粗大主根；茎高 50~200 cm，粗 6~20 mm，不分枝或分枝，常密被曲柔毛与疏生伸展长毛（毛基红色疱状），在茎枝上部常密混生短腺毛。基生叶莲座状，倒披针形，先端锐尖或稍钝，基部渐狭并下延为翅，边缘自下向上有远离的浅波状齿，白色或红色，上部深绿色至亮绿色，两面被曲柔毛与长毛；茎生叶椭圆形至倒披针形，边缘具稀疏钝齿。花序穗状，不分枝，或在主序下面具次级侧生花序；苞片叶状，果时宿存；花管黄绿色或开花时带红色，被混生的柔毛，花后脱落；萼片绿色，有时带红色。种子棱形，褐色，具棱角，各面具不整齐洼点，有约一半败育。花果期 6—10 月。

生境与分布：生长于开旷荒地、田园路边，常成片分布。原产北美，属外来入侵植物（《中国外来入侵植物志》，马金双，2020 年）。独流减河中下游、永定新河城区段河滨岸带有分布，数量较少。

小二仙草科 - 狐尾藻属
Haloragaceae- *Myriophyllum*

· **穗状狐尾藻** *Myriophyllum spicatum*

别　　名: 聚藻、泥茜

生 活 型: 多年生沉水草本。

形态特征: 茎红色，光滑，圆柱形，长可达 1~2 m，多分枝。叶常 4~6 片轮生，篦状羽裂，裂片羽毛状；叶柄极短或缺。花两性或单性，雌雄同株，单生于水上枝苞片状叶腋内，常4 朵轮生，由多花组成顶生或腋生穗状花序，长 6~10 cm；如为单性花，则上部为雄花，下部为雌花，中部有时为两性花，基部有 1 对苞片，其中 1 片稍大，宽椭圆形，全缘或羽状齿裂；雄花萼筒宽钟状，顶端 4 深裂，平滑；花瓣 4，宽匙形，凹入，顶端圆，粉红色；雄蕊 8，花药长椭圆形，淡黄色；无花梗。果球形，具 4 条纵裂隙。花果期 4—9 月。

生境与分布: 生长于池塘、河沟、沼泽中；产天津各地，较常见；各河流水系均有分布。穗状狐尾藻为世界广布种，产于全球的淡水水域；中国南北各地池塘、河沟、沼泽中常有生长，特别是在含钙的水域中常见。

伞形科 - 水芹属
Apiaceae-Oenanthe

· 水芹 *Oenanthe javanica*

别　　名： 野芹菜、水芹菜
生活型： 多年生草本
形态特征： 高 15~80 cm，无毛。有匍匐根状茎，有成簇的须根，内部中空，节部有横隔。基生叶有长柄，叶柄基部成鞘，抱茎；上部叶柄渐短，一部分或全部成鞘状，叶鞘边缘膜质；叶片轮廓三角形，1~2 回羽状复叶，小叶片披针形至卵状披针形，基部小叶 3 裂，顶生小叶菱状卵形，有缺刻状锯齿。复伞形花序；伞辐 8~17，不等长；总苞片无或 1~3 片，早落；小伞形花序有 10~20 朵花，花梗不等长；萼齿近卵形，明显；花瓣白色；花柱细长，花柱基圆锥形。双悬果椭圆形，果棱肥厚、钝圆，侧棱比背棱宽大。花果期 7—9 月。
生境与分布： 多生长于浅水低洼地方或池沼、水沟旁；产天津蓟州、武清、宝坻，较少见；泃河、州河、淋河、潮白新河、北运河河滨岸带有分布。

伞形科 - 蛇床属
Apiaceae-*Cnidium*

· 蛇床 *Cnidium monnieri*

别　　名： 山胡萝卜、蛇米、蛇粟、蛇床子

生 活 型： 一年生草本

形态特征： 高 10~60 cm。根圆锥状，较细长。茎直立或斜上，多分枝，中空，表面具深条棱，粗糙。下部叶具短柄，叶鞘短宽，边缘膜质，上部叶柄全部鞘状；叶片轮廓卵形至三角状卵形，2-3 回三出式羽状全裂，羽片轮廓卵形至卵状披针形，先端常略呈尾状；末回裂片线形至线状披针形，具小尖头，边缘及脉上粗糙。复伞形花序；总苞片 6~10，线形至线状披针形，边缘膜质，具细睫毛；伞辐 8~20，不等长，棱上粗糙；小总苞片多数，线形，边缘具细睫毛；小伞形花序具花 15~20，萼齿无；花瓣白色，先端具内折小舌片。分生果长圆状，横剖面近五角形，主棱 5，均扩大成翅。花果期 4—10 月。

生境与分布： 生长于田间、路旁、山坡草地及河边湿地或低洼湿地上，常成片生长，形成单种群落；产天津蓟州、武清、宝坻、宁河，较少见；泃河、州河、北运河、潮白新河河滨岸带有分布。

报春花科 - 点地梅属

Primulaceae-*Androsace*

· **点地梅** *Androsace umbellata*

别　　名：喉咙草、白花草、白花珍珠草

生 活 型：一年生或二年生草本

形态特征：主根不明显，具多数须根。叶全部基生，叶片近圆形或卵圆形，先端钝圆，基部浅心形至近圆形，边缘具三角状钝牙齿，两面均被贴伏的短柔毛；叶柄被开展的柔毛。花葶通常数枚自叶丛中抽出，被白色短柔毛。伞形花序 4~15 花；苞片卵形至披针形；花梗纤细，果时伸长可达 6 cm，被柔毛并杂生短柄腺体；花萼杯状，密被短柔毛，分裂近达基部，裂片菱状卵圆形，具 3~6 纵脉，果期增大，呈星状展开；花冠白色，短于花萼，喉部黄色，裂片倒卵状长圆形。蒴果近球形，果皮白色，近膜质。花果期 3—6 月。

生境与分布：生长于林缘、草地和疏林下；产天津各地，早春开花；潮白新河、蓟运河、永定新河、青龙湾减河、北运河、南运河、大清河河滨岸带有分布。

报春花科 - 珍珠菜属
Primulaceae-*Lysimachia*

· 狭叶珍珠菜 *Lysimachia pentapetala*

别　　名： 窄叶珍珠菜、细叶珍珠菜

生 活 型： 一年生草本

形态特征： 茎直立，高 30~60 cm，圆柱形，多分枝，密被褐色无柄腺体，全株无毛。叶互生，狭披针形至线形，先端锐尖，基部楔形，上面绿色，下面粉绿色，有褐色腺点；叶柄短，长约 0.5 mm。总状花序顶生，初时因花密集而成圆头状，后渐伸长，果时长 4~13 cm；苞片钻形；花梗长 5~10 mm；花萼长 2.5~3 mm，下部合生达全长的 1/3 或近 1/2，裂片狭三角形，边缘膜质；花冠白色，长约 5 mm，基部合生仅 0.3 mm，近于分离，裂片匙形或倒披针形，先端圆钝。蒴果球形，直径 2~3 mm。花果期 7—9 月。

生境与分布： 生长于山坡河边、荒地、路旁、田边和疏林下；产天津蓟州，常见；淋河、关东河、泃河、州河河滨岸带有分布。

白花丹科 - 补血草属

Plumbaginaceae-*Limonium*

· 二色补血草　*Limonium bicolor*

别　　名：矶松、二色匙叶草、二色矶松

生 活 型：多年生草本

形态特征：高 20~70 cm，除花萼外全株无毛。基生叶匙形、倒卵状匙形，顶端钝，有时有短尖头，基部渐窄，下延成扁平的叶柄，全缘。花茎多个，直立，有不育小枝；花（1）2~4（6）朵集成小穗，3~5 个小穗组成穗状花序。由穗状花序再在花序分枝的顶端或上部组成或疏或密的圆锥花序；外苞片有狭膜质边缘，第一苞片与外苞片相似，有宽膜质边缘，紫红色、栗褐色或绿色，漏斗状萼筒倒圆锥形，有 5 脉，沿脉密被细硬毛；萼檐宽阔，开张幅径与萼长度相等，在花蕾中或展开前呈紫红色或粉红色，后变白色或带粉色，花后宿存；花瓣 5，顶端全缘或 2 裂，黄色，基部合生。果实有 5 棱。花果期 5—8 月。

生境与分布：多生长于盐渍土上，是盐渍土的指示植物；产天津滨海新区、武清、宝坻、静海、宁河；永定新河、独流减河、北排水河、青静黄排水河、子牙新河等的滨海新区段河滨岸带有分布。

睡菜科 - 荇菜属

Menyanthaceae-*Nymphoides*

· 荇菜 *Nymphoides peltata*

别　　名: 凫葵、水荷叶、杏菜

生 活 型: 多年生水生草本

形态特征: 茎圆柱形，多分枝，沉水中，有不定根，又于水底泥中生葡匐状的地下茎。叶漂浮水面，近圆形，质较厚，光亮，基部心形，上部的叶对生，其他的叶互生；叶柄基部变宽，抱茎。花序束生于叶腋；花黄色，直径约 2 cm；花萼 5 深裂，裂片卵圆状披针形；花冠 5 深裂，喉部有毛，裂片卵圆形，边缘有齿毛；雄蕊 5，花丝短，花药箭形；子房基部有 5 蜜腺，花柱瓣状 2 裂。蒴果长椭圆形，径 2.5 cm；种子边缘有纤毛。花果期 4—10 月。

生境与分布: 生长于池沼、湖泊、沟渠、稻田、河流或河口的平稳水域，通常群生，呈单优势群落，也常与水生植物菹草、狐尾藻、金鱼藻、浮萍、紫萍等混生，分布于我国南北各地；产天津各地，常见；各河流水系均有分布。

夹竹桃科 - 罗布麻属

Apocynaceae-*Apocynum*

· 罗布麻 *Apocynum venetum*

别　　名: 红麻、茶叶花、红柳子

生 活 型: 多年生草本或半灌木

形态特征: 茎高 1.5~3 m, 有白色乳汁。茎直立, 多分枝。枝对生或互生, 圆筒形, 光滑无毛, 紫红色, 单叶, 对生, 椭圆状披针形至卵圆状长圆形, 顶端急尖至钝, 有短尖头, 基部楔形或圆形, 叶缘有细齿, 两面无毛, 叶脉纤细; 叶柄间有腺体, 老时脱落。花小, 紫红色或粉红色, 成圆锥状聚伞花序, 顶生或腋生; 苞片披针形; 花萼 5 深裂, 裂片披针形, 顶端尖, 有毛; 花冠圆筒状钟形, 两面密被颗粒状突起, 花冠裂片 5, 卵状长圆形, 顶端钝, 粉红色, 每裂片外均有 3 条明显紫红色脉纹。蓇葖果, 双生, 下垂, 长角状, 长15~20 cm; 种子褐色, 顶端簇生伞状白色绒毛。花果期 6—8 月。因其最早是在新疆的罗布泊所形成的罗布平原被发现的, 且可纺纱织布, 故取名罗布麻。

生境与分布: 喜光, 耐盐碱, 生长于盐碱地或滨海盐碱滩涂湿地、河流两岸; 产天津各地, 常见; 大部分河流水系河滨岸带均有分布。

夹竹桃科 - 鹅绒藤属
Apocynaceae-Cynanchum

· **萝藦** *Cynanchum rostellatum*

别　　名： 老鸹瓢

生 活 型： 多年生草质藤本

形态特征： 长达 8 m；幼茎密被短柔毛，老渐脱落；叶膜质，卵状心形，先端短渐尖，基部心形，两面无毛，或幼时被微毛，侧脉 10~12 对；叶柄长 3~6 cm，顶端具簇生腺体；聚伞花序具 13~20 花；花序梗长 6~12 cm，被短柔毛；小苞片膜质，披针形；花梗被微毛；花蕾圆锥状，顶端骤尖；花萼裂片披针形，被微毛；花冠白色，有时具淡紫色斑纹，花冠筒短，裂片披针形，内面被柔毛；柱头 2 裂；蓇葖叉生，纺锤形，平滑无毛，长 8~9 cm，直径 2cm，顶端急尖，基部膨大；种子扁平，卵圆形，有膜质边缘，褐色，顶端具白色绢质种毛；种毛长 1.5 cm。花果期 7—10 月。

生境与分布： 喜微潮偏干的土壤环境，稍耐干旱，生林下、林边、荒地、山脚、河边、路旁灌木丛中；产天津各地，常见；各河流水系河滨岸带均有分布。

夹竹桃科 - 鹅绒藤属
Apocynaceae-Cynanchum

· **鹅绒藤** *Cynanchum chinense*

别　　名：羊奶角角、牛皮消

生 活 型：缠绕草质藤本

形态特征：长达 4m。全株被短柔毛。叶对生，宽三角状心形，先端骤尖，基部心形，基出脉达 9 条，侧脉 6 对。聚伞花序伞状，2 岐分枝，具花约 20 朵；花梗长约 1 cm；花萼裂片长圆状三角形，长 1~2 mm，被柔毛及缘毛；花冠白色，辐状或反折，无毛，e 冠筒长 0.5~1 mm，裂片长圆状披针形，长 3~6 mm；副花冠杯状，顶端具 10 丝状体，两轮，外轮与花冠裂片等长，内轮稍短；花药近菱形，顶端附属物圆形；花粉块长圆形。膏葖果圆柱状纺锤形。种子长圆形。花果期 6—10 月。

生境与分布：生长于山坡向阳灌木丛中或路旁、河岸、田埂边；产天津各地，极为常见；天津各河流水系河滨岸带均有分布。

夹竹桃科 - 鹅绒藤属
Apocynaceae-Cynanchum

· 地梢瓜 *Cynanchum thesioides*

别　　名：细叶白前、瓜蒌、雀瓢

生 活 型：草质或亚灌木状藤本

形态特征：小枝被毛；叶对生或近对生，稀轮生，线形或线状披针形，稀宽披针形，长3~10 cm，宽0.2~1.5(~2.3) cm，侧脉不明显；近无柄；聚伞花序伞状或短总状，有时顶生，小聚伞花序具2花；花梗长0.2~1 cm；花萼裂片披针形，长1~2.5 mm，被微柔毛及缘毛；花冠绿，白色，常无毛，花冠筒长1~1.5 mm，裂片长2~3 mm；副花冠杯状，较花药短，顶端5裂，裂片三角状披针形，长及花药中部或高出药隔膜片，基部内弯；花药顶端膜片直立，卵状三角形，花粉块长圆形；柱头扁平。蓇葖果卵球状纺锤形，长5~6(~7.5) cm，径1~2 cm；种子卵圆形，长5~9 mm，种毛长约2 cm。花果期5—9月。

生境与分布：生长于山坡、山谷、荒地、田边等处；产天津各地，如今少见；州河、泃河、北运河、永定河、新引河河滨岸带有分布。

旋花科 - 旋花属

Convolvulaceae-*Convolvulus*

· 田旋花　*Convolvulus arvensis*

别　　名： 箭叶旋花、中国旋花

生 活 型： 多年生草本

形态特征： 茎平卧或缠绕，有条纹及棱角，无毛或上部被疏柔毛。叶卵形、卵状长圆形或披针形，长 1.5~5 cm，先端钝，基部戟形、箭形或心形，全缘或 3 裂，两面被毛或无毛；叶柄较叶片短；叶脉羽状，基部掌状。聚伞花序腋生，1 或有时 2~3 至多花，花柄比花萼长得多；苞片 2，线形；萼片有毛，稍不等，2 个外萼片稍短，长圆状椭圆形，钝，具短缘毛；花冠宽漏斗形，白色或粉红色，或白色具粉红或红色的瓣中带，或粉红色具红色或白色的瓣中带，5 浅裂。蒴果卵状球形，或圆锥形，无毛。种子 4，卵圆形，暗褐色或黑色。花果期 5—9 月。

生境与分布： 生长于河堤、耕地、荒坡草地上；产天津各地，常见；各河流水系河滨岸带均有分布。

旋花科 - 打碗花属
Convolvulaceae-*Calystegia*

· 打碗花 *Calystegia hederacea*

别　　名: 小旋花、喇叭花

生 活 型: 一年生草本

形态特征: 植株通常矮小, 高 8~40 cm, 常自基部分枝, 具细长白色的根。茎细, 平卧, 有细棱。基部叶片长圆形, 顶端圆, 基部戟形, 上部叶片 3 裂, 中裂片长圆形或长圆状披针形, 侧裂片近三角形, 全缘或 2~3 裂, 叶片基部心形或戟形。花腋生, 1 朵, 花梗长于叶柄, 有细棱; 苞片宽卵形, 顶端钝或锐尖至渐尖; 萼片长圆形, 顶端钝, 具小短尖头, 内萼片稍短; 花冠淡紫色或淡红色, 钟状, 冠檐近截形或微裂。蒴果卵球形, 长约 1 cm, 宿存萼片与之近等长或稍短。种子黑褐色, 表面有小疣。花果期 5—10 月。

生境与分布: 生长于田间、路旁、草丛、林缘、河边, 常成片生长; 产天津各地, 为极常见杂草; 各河流水系河滨岸带均有分布。

本种与田旋花的区别: 打碗花花苞片大, 紧包花萼, 二片, 似一碗打破后开裂, 故名打碗花; 田旋花两个花苞片很小、条形, 且距离花萼很远。

旋花科 - 虎掌藤属
Convolvulaceae-*Ipomoea*

· 牵牛 *Ipomoea nil*

别　　名： 裂叶牵牛

生 活 型： 一年生草本

形态特征： 长 2~5 m；茎缠绕；叶宽卵形或近圆形，3 裂或 5 裂，先端渐尖，基部心形；叶柄长 2~15 cm；花序腋生，具 1 至少花，花序梗长 1.5~18.5 cm；苞片线形或叶状，小苞片线形；萼片披针状线形，长 2~2.5 cm，内 2 片较窄，密被开展的刚毛；花冠蓝紫或紫红色，筒部色淡，长 5~8(~10) cm，无毛；雄蕊及花柱内藏；子房 3 室。蒴果近球形，径 0.8~1.3 cm；种子卵状三棱形，黑褐色或米黄色，长 5~6 mm，被微柔毛。花果期 6—10 月。

生境与分布： 生长于山坡灌丛、干燥河谷、路边、园边宅旁、山地路边；原产北美，属外来入侵植物（《中国外来入侵植物志》，马金双，2020 年）；产天津各地，常见；各河流水系河滨岸带均有分布。

旋花科 - 虎掌藤属
Convolvulaceae-*Ipomoea*

· 圆叶牵牛 *Ipomoea purpurea*

别　　名：心叶牵牛、紫花牵牛

生 活 型：一年生缠绕草本

形态特征：茎上被倒向的短柔毛，杂有倒向或开展的长硬毛。叶圆心形或宽卵状心形，基部圆，心形，顶端锐尖、骤尖或渐尖，通常全缘，偶有 3 裂，两面疏或密被刚伏毛；叶柄毛被与茎同。花腋生，单一或 2~5 朵着生于花序梗顶端成伞形聚伞花序，花序梗比叶柄短或近等长，毛被与茎相同；苞片线形，被开展的长硬毛；花梗被倒向短柔毛及长硬毛；萼片近等长，外面 3 片长椭圆形，渐尖，内面 2 片线状披针形，外面均被开展的硬毛，基部更密；花冠漏斗状，紫红色、红色或白色，花冠管通常白色，瓣中带于内面色深，外面色淡。蒴果近球形，3 瓣裂。种子卵状三棱形，被极短的糠秕状毛。花果期 6—10 月。

生境与分布：生长于田边、路边、宅旁或山谷林内，有栽培或沦为野生；原产北美，属外来入侵植物（《中国外来入侵植物志》，马金双，2020 年），被列入《中国自然生态系统外来入侵物种名单（第三批）》（2014 年）；产天津各地，极为常见，常对其他植物形成绞杀。各河流水系河滨岸带均有分布。

旋花科 - 鱼黄草属
Convolvulaceae-*Merremia*

· 北鱼黄草 *Merremia sibirica*

别　　名：西伯利亚鱼黄草、钻之灵

生 活 型：缠绕草本

形态特征：植株各部分近于无毛。茎圆柱状，具细棱。叶卵状心形，顶端长渐尖或尾状渐尖，基部心形，全缘或稍波状，侧脉7~9对，纤细，近于平行射出，近边缘弧曲向上；叶柄基部具小耳状假托叶。聚伞花序腋生，有(1~)3~7朵花，花序梗通常比叶柄短，有时超出叶柄，明显具棱或狭翅；苞片小，线形；花梗向上增粗；萼片椭圆形，近于相等，顶端明显具钻状短尖头，无毛；花冠淡红色，钟状，无毛，冠檐具三角形裂片；花药不扭曲；子房无毛，2室。蒴果近球形，顶端圆，无毛，4瓣裂。种子4或较少，黑色，椭圆状三棱形，顶端钝圆，无毛。花果期7—9月。

生境与分布：生长于路边、田边、山地草丛或山坡灌丛；产天津蓟州、滨海新区，少见；州河、滨海新区北大港水库区域有分布。

旋花科 - 菟丝子属
Convolvulaceae-*Cuscuta*

· 菟丝子 *Cuscuta chinensis*

别　　名：黄丝藤、鸡血藤、无根草

生 活 型：一年生寄生草本

形态特征：茎缠绕，黄色，纤细，无叶。花序侧生，少花或多花簇生成小伞形或小团伞花序，近于无总花序梗；苞片及小苞片小，鳞片状；花梗稍粗壮；花萼杯状，中部以下连合，裂片三角状，顶端钝；花冠白色，壶形，裂片三角状卵形，顶端锐尖或钝，向外反折，宿存；雄蕊着生花冠裂片弯缺微下处；鳞片长圆形，边缘长流苏状；子房近球形，花柱 2，等长或不等长，柱头球形。蒴果球形，直径约 3 mm，几乎全被宿存的花冠所包围，成熟时整齐周裂。种子 2~4 颗，淡褐色，卵形，表面粗糙。花果期 5—9 月。

生境与分布：生长于田边、山坡向阳处、路边灌丛，通常寄生于豆科、菊科、藜藜科等多种植物上，成密生的单种群落；产天津各地，常见；永定新河、潮白新河、北运河、青龙湾河、州河、泃河、淋河河滨岸带有分布。

紫草科 - 斑种草属

Boraginaceae-*Bothriospermum*

· 斑种草 *Bothriospermum chinense*

别　　名： 细茎斑种草、蛤蟆草

生 活 型： 一年生草本

形态特征： 高 20~30 cm；茎常数条，直立或外倾，被糙硬毛，中上部常分枝；基生叶匙形或倒披针形，先端钝，基部渐窄，下延至叶柄，常皱波状，两面被具基盘糙硬毛及伏毛；茎生叶椭圆形或窄长圆形，较小，先端尖，基部楔形，无柄或具短柄。聚伞总状花序，长 5~15 cm；苞片卵形或窄卵形；花梗长 2~3 mm；花萼裂至近基部，裂片披针形，被毛；花冠淡蓝色，裂片近圆形，喉部附属物梯形，先端 2 深裂；雄蕊生于花冠筒基部以上，花丝极短，花药卵圆形或长圆形；小坚果腹面急度内弯，具网状皱褶及颗粒状突起，腹面环状凹陷横椭圆形。花期 4—6 月。

生境与分布： 生长于荒野路边、山坡草丛及林下；产天津各地，极为常见；各河流水系河滨岸带均有分布。

紫草科 - 紫丹属
Boraginaceae-*Tournefortia*

· 砂引草 *Tournefortia sibirica*

别　　名： 紫丹草、西伯利亚紫丹

生 活 型： 多年生草本

形态特征： 高 40 cm；茎单一或数条，直立或外倾，通常分枝，密被糙伏毛。叶披针形、倒披针形或长圆形，基部楔形；中脉明显，上面凹陷，下面突起，侧脉不明显；两面密被短糙伏毛；无柄或柄极短。花序顶生；萼片裂片线形或披针形，密生向上的糙伏毛；花冠黄白色，筒漏斗形，冠筒长于花萼，冠檐裂片卵形或长圆形，常稍扭曲，边缘微波状，上部被毛，喉部无附属物；雄蕊生于花冠筒中部稍下，花药钻形，着生花筒中部，先端具短尖，花丝极短；子房不裂，柱头短圆锥状，2 浅裂。核果短长圆形或宽卵圆形，密被短伏毛，先端凹陷，成熟时分裂为 2 个各含 2 粒种子的分核。花果期 5—7 月。

生境与分布： 生长于滨海砂地、旱地、河堤及山坡道旁；产天津各地，常见；各河流水系河滨岸带均有分布。

紫草科 - 附地菜属
Boraginaceae-*Trigonotis*

· **附地菜** *Trigonotis peduncularis*

别　　名： 伏地菜、地胡椒、黄瓜香

生 活 型： 一年生或二年草本

形态特征： 高 5~30 cm。茎常多条，直立或斜升，下部分枝，密被短糙伏毛。基生叶卵状椭圆形或匙形，先端钝圆，基部渐窄成叶柄，两面均被糙伏白毛，具柄；茎生叶长圆形或椭圆形，具短柄或无柄。花序顶生，果期长 10~20 cm；无苞片或花序基部具 2~3 苞片；花萼裂至中下部，裂片卵形，先端渐尖或尖；花冠淡蓝或淡紫红色，冠筒极短，冠檐径约 2 mm，裂片倒卵形，开展，喉部附属物白或带黄色；花药卵圆形。小坚果斜三棱锥状四面体形，被毛，稀无毛，背面三角状卵形，具锐棱，腹面 2 侧面近等大，基底面稍小，着生面具短柄。花果期 4—7 月。其因茎铺散而得名。

生境与分布： 生长于田边、路边、村落、河堤；产天津各地，极为常见；各河流水系河滨岸带均有分布。

紫草科 - 鹤虱属
Boraginaceae-*Lappula*

· 鹤虱 *Lappula myosotis*

别　　名： 鹊虱、北鹤虱

生 活 型： 一年生或二年生草本

形态特征： 高 30~60 cm，茎直立，中部以上多分枝，全株密生白色短糙毛。叶两面疏被具白色基盘糙硬毛；基生叶长圆状匙形，全缘，顶端钝，基部渐狭成长柄；茎生叶较短而狭，披针形或线形，顶端尖，基部渐狭，无叶柄。花序在花期短，果期伸长；苞片线形，较果实稍长，与花对生；花梗直立；花萼 5 深裂，几达基部，裂片线形，花冠淡蓝色，漏斗状或钟状，喉部有 5 个鳞片状附属物；花柱短，柱头扁球形；雌蕊基及花柱稍高出小坚果。小坚果卵形，被疣点，背盘窄卵形或披针形，中线具纵脊，边缘具 2 行近等长锚状刺，刺长 1.5~2 mm，基部靠合。花果期 4—8 月。

生境与分布： 生长于草地、山坡、河堤、河床等干燥地；产天津各地，较常见；独流减河、永定新河、海河、子牙河滨岸带有分布，数量较少。

唇形科 - 牡荆属

Lamiaceae-Vitex

· 荆条 *Vitex negundo var. heterophylla*

别　　名： 牡荆、黄荆条

生 活 型： 落叶灌木或小乔木

形态特征： 小枝四棱形。叶对生，有长柄，掌状复叶，小叶片 3~5，披针形或圆状披针形，顶端渐尖，基部楔形，边缘有缺刻状锯齿，或羽状深裂，上面绿色，下面灰白色或青绿色，密生短绒毛。圆锥花序，顶生；花萼钟状，具 5 齿裂，宿存；花冠蓝紫色，2 唇形；雄蕊 4，2 强；通常外伸；子房上位，花柱线形，柱头 2 裂；核果球形，黑色，包于宿存的花萼内。花果期 6—10 月。

生境与分布： 生长于山地阳坡及林缘；产天津蓟州山区，极为普遍，为旱生灌丛的优势种，平原区也有种植；独流减河、永河新河、潮白新河、青静黄排水河、蓟运河、永定河河滨岸带偶见，数量较少。

唇形科 - 夏至草属
Lamiaceae-*Lagopsis*

· 夏至草 *Lagopsis supina*

别　　名：白花益母、夏枯草
生 活 型：多年生草本
形态特征：高达 35 cm；披散于地面或上升，具圆锥形的主根。叶轮廓为圆形，通常基部越冬叶较宽大，叶片两面均绿色，上面疏生微柔毛，下面沿脉上被长柔毛；叶柄长，基生叶柄长 2~3 cm，上部叶柄较短，1 cm 左右，扁平，上面微具沟槽。轮伞花序疏花，枝条上部者较密集，下部者较疏松；小苞片长约 4 mm，稍短于萼筒，弯曲；花萼管状钟形，外密被微柔毛，内面无毛，脉 5，凸出，齿 5，不等大；花冠白色，稀粉红色，稍伸出于萼筒；雄蕊 4，着生于冠筒中部稍下，不伸出，后对较短；花药卵圆形，2 室；花柱先端 2 浅裂；花盘平顶。小坚果长卵形，褐色，有鳞秕。花果期 3—6 月。
生境与分布：喜向阳湿润的环境，生长于路旁、旷地上、村落、居民区；产天津各地，为极为常见的一种杂草；各河流水系河滨岸带均有分布。

唇形科 - 益母草属
Lamiaceae-*Leonurus*

· 益母草　*Leonurus japonicus*

别　　名： 益母蒿、益母艾

生 活 型： 一年生或二年生草本

形态特征： 茎直立，高30~120 cm，钝四棱形，微具槽，有倒向糙伏毛，在节及棱上尤为密集。多分枝，或仅于茎中部以上有能育的小枝条。基生叶有长柄，叶片近圆形，边缘5~9浅裂；茎下部叶卵形，掌状3裂，裂片上再分裂，叶脉突出，叶柄纤细；顶部叶线形或线状披针形，不裂，近无柄，全缘或具稀少牙齿。轮伞花序腋生，具8~15花，多数远离而组成长穗状花序；小苞片刺状，比萼筒短；花梗无，花萼管状钟形，外面有贴生微柔毛，5脉，显著，齿5；花冠粉红至淡紫红色，外面伸出萼筒部分被柔毛。小坚果长圆状三棱形，顶端截平而略宽大。花果期6—10月。益母草因其妇科多用，故有"益母"之名。

生境与分布： 喜温暖潮湿环境，生长于河滩、河堤、荒草地、宅旁；产天津各地，较常见；各河流水系河滨岸带均有分布。

唇形科 - 益母草属

Lamiaceae-Leonurus

· 细叶益母草 *Leonurus sibiricus*

别　　名： 风车草、风葫芦草、四美草等

生 活 型： 一年生或二年生直立草本

形态特征： 高 20~80 cm，茎方形，有白色贴生粗伏毛。基生叶稍圆形，有钝齿和长柄，开花时枯死；茎生叶有长柄，基部楔形，3 全裂或深裂，在裂片上再 3 裂，小裂片缘有齿，线状披针形（或条形），茎顶部叶明显 3 深裂。轮伞花序腋生，多花；小苞片刺状，向下反折；花萼管状钟形，5 脉，5 齿，前 2 齿靠合；花冠粉红至紫红色，花冠管内面基部有毛环，上唇全缘，长圆形，外面密生长柔毛，下唇 3 裂，中裂片倒心形；雄蕊 4，伸出花冠管外而盖在上唇下面。小坚果褐色，平滑。花果期 7—9 月。

生境与分布： 生路旁、荒地、田野、堤旁。产天津各地较常见。各河流水系均有分布。

本种与益母草的区别： 二者从形态上容易混淆，不过花序上的顶部叶有明显差别，益母草花序上的顶部叶不分裂，而细叶益母草花序上的顶部叶有 3 深裂。

唇形科 - 薄荷属

Lamiaceae-*Mentha*

· 薄荷 *Mentha canadensis*

别　　名：香薷草、鱼香草、水薄荷

生 活 型：多年生草本

形态特征：高 30~60 cm。茎四棱，上部有倒生微柔毛，下部仅沿棱上有微柔毛。叶有柄，长圆状披针形至披针状椭圆形，长 3~7 cm，表面沿脉处密生柔毛，其余部分毛疏生，有时除叶脉处外近于无毛，背面沿脉处密生柔毛。花萼筒状钟形，长约 2.5 mm，有 5 齿；花冠淡紫色，外面有毛，内面在喉部下方有微柔毛，有 4 裂片，裂片不相等，上面的裂片大，长圆形，顶端 2 裂，其他 3 裂片较小，近等大，雄蕊 4，生于下唇的雄蕊较长，均伸出。小坚果卵珠形。花果期 7—10 月。

生境与分布：生长于水边潮湿地。《天津植物志》记录薄荷产天津各地，调查人员仅在蓟州有发现；州河、沟河河滨岸带有分布，且较常见。

唇形科 - 鼠尾草属
Lamiaceae-*Salvia*

· 荔枝草 *Salvia plebeia*

别　　名：雪见草、癞蛤蟆草

生 活 型：一年生或二年生直立草本

形态特征：茎高 15~90 cm。全株有毛，叶长圆状卵形或披针形，顶端钝或急尖，基部圆或楔形，边缘有圆锯齿，下面有金黄色腺点。轮伞花序有 2~6 朵花，腋生或轮生，集成多轮的穗形总状花序；苞片披针形，细小，短于萼；花萼钟状，外面有金黄色腺点，脉上有短柔毛，二唇形，上唇顶端有 3 个短尖头，下唇 2 齿；花冠淡蓝紫色，少白色，二唇形，上唇长圆形，顶端有凹口，下唇 3 裂，花冠筒内面基部有毛环；雄蕊生于花冠喉部，上面 2 个退化，只下面（生于下唇基部）能育，药隔细长，药室分离很远，只上部药室能育，花丝与药隔相连处有关节。小坚果侧卵圆形，褐色，有腺点。花果期 4—7 月。

生境与分布：生长于山坡、路旁、沟边；产天津各地，较少见；独流减河、潮白新河、永定新河、北运河河滨岸带有分布。

茄科 – 曼陀罗属

Solanaceae-*Datura*

· 曼陀罗 *Datura stramonium*

别　　名: 洋金花、狗核桃

生 活 型: 一年生草本

形态特征: 高 0.5~1.5 m，全体光滑或幼枝部分有短柔毛。茎粗壮，下部木质化，上部二叉分枝。叶宽卵形，顶端渐尖，基部不对称楔形，边缘不规则波状裂，裂片有时有波状齿；有叶柄。花单生枝杈间或叶腋间，直立，有短梗；萼筒五棱形，裂片宽三角形，花后自近基部断裂，宿存部分随果实增大，并外翻；花冠漏斗状，下半部带绿色，上半部白色或淡紫色，裂片有短尖头。蒴果直立，卵圆形，表面生有坚硬的针刺或有时无刺而近平滑，成熟后淡黄色，规则 4 瓣裂；种子扁卵圆形，黑色。花果期 6—11 月。

生境与分布: 喜温暖、湿润、向阳的环境，生长于宅旁、路边、草丛、垃圾堆、厕肥堆或畜圈附近，为一种喜硝植物；原产墨西哥，属外来入侵植物（《中国外来入侵植物志》，马金双，2020 年）；产天津各地，较常见；各河流水系河滨岸带均有分布。

茄科－酸浆属

Solanaceae-*Alkekengi*

· **酸浆** *Alkekengi officinarum*

别　　名: 酸泡、挂金灯、灯笼草、红姑娘

生 活 型: 多年生草本

形态特征: 高40~80 cm，根状茎长，横走。茎直立，茎节稍膨大，无毛或有疏柔毛。叶互生，长卵形至宽卵形，基部为不对称楔形，顶端渐尖，边缘有粗牙齿或波状，两面被柔毛，沿叶脉较密；有叶柄。花单生叶腋或枝腋，花梗无毛或有稀疏柔毛；花萼钟形，5裂，裂片三角形。顶端有密硬毛，萼筒基部有疏硬毛；花冠白色，5浅裂，裂片宽三角形，边缘有毛；雄蕊不露出花冠外；柱头微2裂。浆果球形，多汁；果熟时果萼橙红色，长3~5 cm，卵形。种子多数，肾形。花果期5—10月。

生境与分布: 常生长于田野、沟边、山坡草地、林下或路旁水边；产天津各地，野生或栽培，较少见；永定河、龙凤河、青龙湾河、潮白新河河滨岸带有分布。

茄科 - 洋酸浆属
Solanaceae-*Physalis*

· 苦蘵 *Physalis angulata*

别　　名： 小苦耽、鬼灯笼

生 活 型： 一年生草本

形态特征： 茎高 30~60 cm，多分枝，有稀疏柔毛。单叶互生或双生，叶片卵状椭圆形至宽卵形，基部楔形，顶端短锐尖，边缘有不等大的疏齿。花单独腋生，花梗纤细，有短毛；花萼 5 中裂，裂片披针形，有短毛，边缘有缘毛；花冠黄色，喉部常有紫色斑纹，5 浅裂，裂片宽三角形。边缘有缘毛；花药蓝紫色或有时为黄色；柱头不明显 2 裂。浆果球形，果熟时果萼卵状形，淡绿色，完全包围果实；种子肾形，淡黄色。花果期 6—10 月。

生境与分布： 生长于海拔 500~1500 m 的山谷林下及村边路旁；原产南美洲，属外来入侵植物（《中国外来入侵植物志》，马金双，2020 年）；产天津蓟州，少见；泃河河滨岸带有分布。

本种与酸浆的区别： 酸浆为多年生宿根草本，根状茎长，横走；苦蘵为一年生草本，无根状茎。酸浆花冠白色，果萼成熟时橙色；苦蘵花冠为黄色，果萼成熟时为淡绿色。

茄科 - 茄属
Solanaceae-*Solanum*

· 龙葵 *Solanum nigrum*

别　　名：小果果、野茄秧

生 活 型：一年生直立草本

形态特征：茎高可达 1 m，有不明显的纵棱，有微柔毛。叶互生，稀假对生，卵形至宽卵形，基部不对称楔形或宽楔形下延至叶柄，全缘或不规则波状，两面光滑或有疏柔毛。聚伞花序腋外生；萼小，浅杯状，5 齿裂，萼齿圆形；花冠白色，筒部短，隐于萼内，花冠 5 深裂，裂片卵圆形；雄蕊插生花冠筒喉部；花丝短；花药靠合，黄色；子房球形，2 室，花柱中部以下有白色柔毛，柱头小，圆形。浆果球形，直径约 8 mm，熟时黑色；种子多数，近卵形，侧扁。花果期 5—11 月。

生境与分布：生长于田边、荒地、路旁和村庄附近；产天津各地，常见；各河流水系河滨岸带均有分布。

茄科 - 枸杞属

Solanaceae-*Lycium*

· 枸杞 *Lycium chinense*

别　　名：甜菜子、狗奶子

生 活 型：多分枝灌木

形态特征：高可达 2 m。枝条细弱，弯曲或俯垂，小枝顶端锐尖，棘刺状。单叶互生或 2~4 叶簇生，叶卵形、卵状菱形、长圆形或卵状披针形，基部楔形，顶端急尖。花单生或双生于长枝叶腋，或在短枝上同叶簇生；花萼 3 中裂或 4~5 齿裂，裂片多少有缘毛；花冠 5 深裂，漏斗状，浅紫色，筒部向上骤然扩大，裂片边缘有缘毛，基部耳片显著；雄蕊 5，插生花冠筒中部，花丝在近基部处有一圈椭圆状的毛丛，同一高度的花冠筒内壁上亦密生一圈绒毛；子房 2 室，柱头 2 浅裂，绿色。浆果红色，卵状；种子肾形，黄色。花果期 6—11 月。

生境与分布：生长于山坡、荒地、丘陵地、盐碱地及路旁、村边、宅院；产天津各地，较常见；各河流水系河滨岸带均有分布。

列当科 - 地黄属
Orobanchaceae-*Rehmannia*

· 地黄 *Rehmannia glutinosa*

别　　名: 怀庆地黄、生地

生 活 型: 多年生草本

形态特征: 全株密被灰白色或淡褐色长柔毛和腺毛；根状茎肉质肥厚，鲜时黄色，先直然后横生。茎单一或基部分生数枝，高 15~30 cm，紫红色，茎上很少有叶片着生。叶通常基生，倒卵形至长椭圆形，基部渐狭成长叶柄，边缘有不整齐的钝齿，叶面多皱纹，叶脉明显，叶缘波状，下面带紫色，有白色长柔毛及腺毛，基部渐狭成长叶柄，茎生叶较根生叶小。总状花序顶生，密被腺毛；苞片叶状；花萼钟状，5 裂，裂片三角形；花冠筒状而微弯，外面紫红色，内面黄色有紫斑，下部渐狭，顶端二唇形，上唇 2 裂，反折，下唇 3 裂片伸直。蒴果卵球形，顶端具喙，室背开裂；种子多数，卵形，黑褐色，表面有蜂窝状膜质网眼。花果期 4—7 月。

生境与分布: 生长于道旁、荒草地；产天津各地，早春开花，常见；各河流水系河滨岸带均有分布。

通泉草科 - 通泉草属
Mazaceae-Mazus

· 通泉草 *Mazus pumilus*

别　　名：绿蓝花、五瓣梅、猫脚迹
生 活 型：一年生草本
形态特征：无毛或有疏生短毛，高3~30 cm；通常基部分枝。基生叶少数至多数，有时成莲座状或早落，倒卵状匙形至卵状倒披针形，长2~6 cm，宽1~1.5 cm，顶端全缘或有不明显的疏齿，顶端圆钝，基部楔形，下延成带翅的叶柄，茎生叶对生或互生，近似基生叶。总状花序生于基枝顶端，伸长或上部成束状，有3~20朵花，稀疏；花萼钟状，长约6 mm，裂片卵形，顶端急尖，脉不明显；花冠淡紫色或蓝色，长约10 mm，二唇形，上唇短直，2裂，裂片尖，下唇3裂，中裂片倒卵圆形，平头。子房无毛。蒴果球形，无毛，稍露于萼外。种子斜卵形，多数，细小，淡黄色。花果期4—10月。
生境与分布：生长于沙质河岸湿草地、草坡、沟边路旁；产天津蓟州，较少见；州河河滨岸带有分布。

母草科 - 陌上菜属
Linderniaceae-Lindernia

· 陌上菜 *Lindernia procumbens*

别　　名: 母草、水白菜

生 活 型: 一年生直立草本

形态特征: 根细密成丛; 茎高 5~20 cm, 基部多分枝, 无毛。叶对生, 无柄; 叶片椭圆形至长圆形, 多稍带菱形, 长 1~2.5 cm, 宽 6~12 mm, 顶端钝至圆头, 全缘或有不明显的钝齿, 两面无毛, 叶脉并行, 自叶基发出 3~5 条。花单生于叶腋, 花梗纤细, 比叶长, 无毛; 萼仅基部联合, 齿 5, 条状披针形, 长约 4 mm, 顶端钝头, 外面微被短毛; 花冠粉红色或紫色, 向上渐扩大, 上唇短, 2 浅裂, 下唇甚大于上唇, 3 裂, 侧裂椭圆形较小, 中裂圆形, 向前突出。蒴果球形或卵球形, 与萼近等长或略过之, 室间 2 裂。种子多数, 有格纹。花果期 7—11 月。

生境与分布: 生长于水边湿地, 湿地杂草; 产天津蓟州, 较少见; 州河、沟河河滨岸带有分布。

紫葳科 - 角蒿属

Bignoniaceae-*Incarvillea*

· 角蒿 *Incarvillea sinensis*

别　　名：羊角草、羊角蒿、萝蒿

生　活　型：一年生至多年生草本

形态特征：具分枝的茎，高达 80 cm；根近木质而分枝。叶互生，不聚生于茎的基部，2~3 回羽状细裂，形态多变异，小叶不规则细裂，末回裂片线状披针形，具细齿或全缘。顶生总状花序，疏散，长达 20 cm；花梗短；小苞片绿色，线形。花萼钟状，绿色带紫红色，萼齿钻状，萼齿间皱褶 2 浅裂。花冠淡玫瑰色或粉红色，有时带紫色，钟状漏斗形，基部收缩成细筒，花冠裂片圆形。雄蕊 4，2 强，着生于花冠筒近基部，花药成对靠合。花柱淡黄色。蒴果淡绿色，细圆柱形，顶端尾状渐尖。种子扁圆形，细小，四周具透明的膜质翅，顶端具缺刻。花果期 5—11 月。

生境与分布：生长于山坡、河滩、路边和田野；产天津各地，少见；青龙湾河、潮白新河、州河、独流减河、永定新河河滨岸带有分布，数量少。

车前科 - 柳穿鱼属

Plantaginaceae-*Linaria*

· 柳穿鱼 *Linaria vulgaris subsp. chinensis*

别　　名：姬金鱼草

生 活 型：多年生草本

形态特征：高 20~80 cm。茎直立，单一或分枝，无毛。叶多互生，少下部轮生，线形或披针状线形，长 2~7 cm，宽 2~4 mm，具单脉，极少 3 脉，全缘，无毛。总状花序顶生，花多数，花梗长约 3 mm，花序轴、花梗无毛或有少量腺毛；苞片披针形，长约 5 mm；花萼 5 深裂，裂片披针形，长约 4 mm，宽约 1.5 mm，内面有腺毛；花冠黄色，有矩，矩稍弯曲。上唇直立，2 裂，下唇 3 裂，在喉部向上隆起，呈假面状，喉部有密毛。蒴果卵球形。种子黑色，圆盘状，有膜质翅，中央有瘤状突起。花果期 6—9 月。

生境与分布：生长于潮湿草地、山坡、路边；产天津武清、宝坻、静海等地，少见；蓟运河上游河滨岸带有分布。

车前科 - 婆婆纳属

Plantaginaceae-Veronica

· 北水苦荬 *Veronica anagallis-aquatica*

别　　名: 仙桃草、水菠菜

生 活 型: 多年生（稀为一年生）草本

形态特征: 通常全体无毛，极少在花序轴、花梗、花萼和蒴果上有几根腺毛。根茎斜走。茎直立或基部倾斜，不分枝或分枝，高 10~100 cm。叶无柄，上部的半抱茎，多为椭圆形或长卵形，少为卵状矩圆形，更少为披针形，全缘或有疏而小的锯齿。花序比叶长，多花；花梗与苞片近等长，上升，与花序轴成锐角，果期弯曲向上，使蒴果靠近花序轴，花序通常不宽于 1 cm；花萼裂片卵状披针形，急尖，果期直立或叉开，不紧贴蒴果；花冠浅蓝色、浅紫色或白色，直径 4~5 mm，裂片宽卵形；雄蕊短于花冠。蒴果近圆形，长宽近相等，几乎与萼等长，顶端圆钝而微凹。花果期 4—9 月。

生境与分布: 生长于水边湿地、沼泽地或浅水沟中；产天津蓟州，常见；淋河、沟河、关东河、州河河滨岸带有分布。

车前科 - 车前属
Plantaginaceae-*Plantago*

· 平车前 *Plantago depressa*

别　　名： 小车前

生 活 型： 一年或二年生草本

形态特征： 直根长，具多数侧根。根茎短，高 5~20 cm。叶基生呈莲座状，平卧、斜展或直立；叶片纸质，椭圆形、椭圆状披针形或卵状披针形，边缘具浅波状钝齿、不规则锯齿或牙齿；叶脉于背面明显隆起，两面疏生白色短柔毛；叶柄基部扩大成鞘状。花序 3~10 个；花序梗有纵条纹，疏生白色短柔毛；穗状花序细圆柱状，上部密集，基部常间断；苞片三角状卵形；花冠白色，无毛，冠筒等长或略长于萼片，裂片极小，椭圆形或卵形。蒴果卵状椭圆形至圆锥状卵形，于基部上方周裂。种子 4~5，椭圆形，腹面平坦，黄褐色至黑色；子叶背腹向排列。花果期 5—9 月。

生境与分布： 生长于草地、河滩、沟边、草甸、田间及路旁，为习见野生杂草；产天津各地，极常见；各河流水系河滨岸带均有分布。

车前科 - 车前属
Plantaginaceae-*Plantago*

· 车前 *Plantago asiatica*

别　　名: 蛤蚂草、猪耳朵

生 活 型: 二年生或多年生草本

形态特征: 须根多数。根茎短,稍粗,高 20~60 cm。叶基生呈莲座状,平卧、斜展或直立;宽卵形至宽椭圆形,先端钝圆至急尖,边缘波状、全缘或中部以下有锯齿、牙齿或裂齿,两面无毛或有短柔毛。花亭有毛,花为淡绿色,花序 3~10 个;花序梗长 5~30 cm,有纵条纹,疏生白色短柔毛;穗状花序细圆柱状,紧密或稀疏,下部常间断;苞片狭卵状三角形或三角状披针形。蒴果纺锤状卵形、卵球形或圆锥状卵形,于基部上方周裂。种子 5~6(~12),细小,卵状椭圆形或椭圆形。花果期 4—9 月。

生境与分布: 生长于路边沟旁、河滩及潮湿地带;产天津各地,常见;各河流水系河滨岸带均有分布。

本种与平车前的主要区别: 平车前具主根;车前具须根。平车前叶片纸质、薄,呈椭圆形、椭圆状披针形或卵状披针形;车前叶片翠绿、厚实,呈宽卵形或者卵形,叶子边缘有不规则锯齿,叶子的顶端很圆润。

茜草科 - 茜草属
Rubiaceae-Rubia

· 茜草 *Rubia cordifolia*

别　　名： 锯锯藤、拉拉秧

生 活 型： 多年生草质攀缘藤本

形态特征： 根红色或橙红色。茎四棱形，多分枝；茎棱、叶柄、叶缘和叶背中脉上都有倒生小刺。叶4片轮生，纸质，卵形至卵状披针形，长2~9 cm，宽1~4 cm，先端渐尖，基部圆形至心形；叶柄长1~10 cm。聚伞花序通常排成大而疏松的圆锥状，腋生或顶生；花小，黄白色，5数；花萼平截；花辐状5裂；雄蕊5，着生在花冠管喉内；子房下位，2室，花柱上部2裂。浆果肉质，近球形，直径5~6 mm，黑色或紫黑色，有1粒种子。花果期8—11月。

生境与分布： 生长于路旁、草丛及灌丛中；产天津各地，为常见杂草；各河流水系河滨岸带均有分布。

忍冬科 - 败酱属
Caprifoliaceae-*Patrinia*

· 异叶败酱 *Patrinia heterophylla*

别　　名: 墓头回、窄叶败酱

生 活 型: 多年生草本

形态特征: 高 30~60 cm。茎少分枝,稍有短毛。基生叶有长柄,边缘圆齿状;基生叶互生,茎生叶常 2~3 对羽状深裂,中央裂片较两侧裂片稍大或近等大;中部叶 1~2 对,中央裂片最大,卵形、卵状披针形或近菱形,先端长渐尖,边缘圆齿状浅裂或有大圆齿,有疏短毛;叶柄长达 1 cm;上部叶较窄,近无柄。花黄色,成顶生及腋生密花聚伞花序,总花梗下苞片条状 3 裂,分枝下者不裂,与花序等长或稍长;花萼不明显;花冠筒状,筒内有白毛,5 裂片,稍短于筒;雄蕊 4,稍伸出;子房下位,花柱顶稍弯。瘦果长方形或倒卵形,顶端平;苞片长圆形至宽椭圆形。花果期 7—10 月。

生境与分布: 生长于较干旱的山坡草丛中;产天津蓟州山地,少见;黑水河、洵河河滨岸带有分布。

葫芦科 - 黄瓜属
Cucurbitaceae-*Cucumis*

· **马㼎瓜** *Cucumis melo var. agrestis*

别　　名： 马泡瓜、菜瓜
生 活 型： 一年生匍匐草本
形态特征： 植株纤细；茎、枝及叶柄粗糙，有浅的沟纹和疣状凸起，幼时有稀疏的腺质短柔毛，后渐脱落。叶柄细；叶片质稍硬，肾形或近圆形，常5浅裂，裂片钝圆，边缘稍反卷，两面粗糙，有腺点，幼时有短柔毛，后渐脱落；叶面深绿色，叶背苍绿色，掌状脉，脉上有腺质短柔毛。卷须纤细，不分歧，有微柔毛。花两性，在叶腋内双生或3枚聚生；花梗和花萼被白色的短柔毛；花萼淡黄绿色，筒杯状，裂片线形，顶端尖；花冠黄色，钟状，裂片倒宽卵形，外面有稀疏的短柔毛，先端钝，5脉。果实长圆形、球形或陀螺状，幼时有柔毛，后渐脱落而光滑。种子多数，水平着生。花果期5—9月。
生境与分布： 本种为甜瓜的变种，喜温暖的环境，耐旱，耐盐碱，生长于河滩地上；独流减河、北排水河、永定新河、海河河滨岸带有分布，独流减河分布数量较多。

葫芦科 - 盒子草属

Cucurbitaceae-Actinostemma

· **盒子草** *Actinostemma tenerum*

别　　名: 黄丝藤、葫篓棵子

生活型: 一年生草本

形态特征: 茎细长，攀缘状，有纵棱，被短柔毛。卷须分2叉，和叶对生。叶互生，戟形、披针状三角形或卵状心形，不裂或下部3~5裂; 中裂片长，宽披针形，顶端长渐尖; 侧裂片短，边缘有疏锯齿; 基部通常心形，两面几无毛。雄花序总状，腋生，雌花单生或着生于雄花序基部; 萼裂片线状披针形; 花冠裂片狭卵状披针形或三角状披针形，顶端尾尖，黄绿色; 雄蕊5，分离，花药1室; 子房卵形，柱头2裂。果卵形或长圆形，上半部平滑，下半部有突起，成熟时近中部盖裂; 种子通常2枚，暗灰色，表面有皱纹状不规则突起。花果期7—11月。

生境与分布: 生长于水边草丛中，缠绕于芦苇或其他植物体上; 产天津宝坻、宁河、武清，常见; 潮白新河、永定新河、蓟运河、龙凤河、青龙湾河有分布。

菊科 - 泽兰属
Asteraceae-*Eupatorium*

· **白头婆** *Eupatorium japonicum*

别　　名：林泽兰、白鼓钉
生 活 型：多年生草本
形态特征：高 30~150 cm。根茎短，有多数细根。茎直立，下部及中部红色或淡紫红色，被柔毛。叶对生或上部有时互生，近无柄；叶片长椭圆状披针形或长圆形，不分裂或 3 全裂，两面粗糙无毛或下面仅沿脉有细柔毛及黄色腺点，边缘有疏锯齿，基出 3 脉。头状花序多数，在茎顶排列成伞房状；总苞钟状，总苞片淡绿色或带紫色，顶端急尖，3 层，内层最长，狭披针形；头状花序含 5 朵管状花，两性，花白色或淡紫色。瘦果黑褐色，椭圆形，5 棱，散生黄色腺点；冠毛污白色，比花冠筒短。花果期 8—10 月。
生境与分布：生长于山谷阴处水湿地、林下湿地或溪旁沙地；产天津蓟州官庄镇、罗庄子镇、下营镇等山地，较少见；黑水河、泃河河滨岸带有分布。

菊科 - 紫菀属

Asteraceae-Aster

· 全叶马兰　*Aster pekinensis*

别　　名：全叶鸡儿肠

生 活 型：多年生草本

形态特征：有长纺锤状直根。茎直立，高可达 30~70 cm，下部叶在花期枯萎；中部叶多而密，叶片条状披针形、倒披针形或矩圆形，顶端钝或渐尖，常有小尖头，全缘，上部叶较小，条形；全部叶下面灰绿，头状花序单生枝端且排成疏伞房状。总苞半球形，总苞片 3 层，覆瓦状排列，外层近条形，内层矩圆状披针形，上部单质，有短粗毛及腺点。舌状花，管部有毛；舌片淡紫色，管状花花冠有毛。瘦果倒卵形，浅褐色，扁，有浅色边肋，冠毛带褐色，不等长，弱而易脱落。花果期 6—11 月。

生境与分布：生长于山坡、林缘、灌丛、路边荒地和堤岸上；产天津蓟州、武清、静海、宁河等区，较常见；淋河、泃河、关东河、黑水河、潮白新河、独流减河、北运河河滨岸带有分布。

菊科 - 紫菀属
Asteraceae-Aster

· 阿尔泰狗娃花 *Aster altaicus*

别　　名：阿尔泰紫菀

生 活 型：多年生草本

形态特征：高 20~40 cm，全株被上曲短毛和腺点。茎直立或斜生，基部多分枝。叶互生，基部叶在花期枯萎，叶片线形或长圆状披针形、倒披针形，顶端钝，基部稍狭，全缘；叶无柄。头状花序直径 2~3.5 cm，单生于枝顶或排列成伞房状。总苞半球形；总苞片 2~3 层，近等长或内层稍长，长圆状披针形，顶端渐尖，被毛和腺体，外层草质，边缘膜质；舌状花 1 轮，约 20 朵，雌性，舌片淡蓝紫色；管状花多数，两性，黄色，裂片不等大，有疏毛。瘦果扁，长圆形或倒卵形，浅褐色，被绢毛。冠毛污白色或红褐色，糙毛状。花果期 5—9 月。

生境与分布：生长于干旱山地和路旁、河堤坡面、村舍附近；产天津各地，常见；各河流水系河滨岸带均有分布。

菊科 - 紫菀属

Asteraceae-Aster

· 狗娃花 *Aster hispidus*

别　名：布荣黑

生活型：一年生或二年生草本

形态特征：茎高达 50~150 cm，单生或丛生，被粗毛，下部常脱毛，有分枝；叶基部及下部叶花期枯萎，倒卵形，基部渐窄成长柄，全缘或有疏齿；中部叶长圆状披针形或线形，常全缘，上部叶条形；叶质薄，两面被疏毛或无毛，边缘有疏毛。头状花序单生枝端，排成伞房状；总苞半球形，总苞片 2 层，线状披针形，草质，或内层菱状披针形而下部及边缘膜质，背面及边缘有粗毛，常有腺点；舌状花舌片浅红或白色，线状长圆形。瘦果倒卵形，扁，被密毛；冠毛在舌状花极短，白色，膜片状，或部分带红色；管状花冠糙毛状，初白色，后带红色，与花冠近等长。花果期 7—9 月。

生境与分布：喜阴，耐寒耐旱，稍耐水湿，生长于山野、荒地、林缘和草地；产天津蓟州山地；泃河、关东河河滨岸带有分布。

本种与阿尔泰狗娃花的区别：本种明显比阿尔泰狗娃花高大。两者主要区别是狗娃花的舌状花冠毛几乎看不见。

菊科 - 碱菀属

Asteraceae-*Tripolium*

· 碱菀 *Tripolium pannonicum*

别　　名：金盏菜、铁杆蒿、竹叶菊

生 活 型：一年生草本

形态特征：茎高 30~50 cm，有时达 80 cm，单生或数个丛生于根茎上，下部常带红色，无毛，上部有开展的分枝。基部叶在花期枯萎，下部叶条状或矩圆状披针形，全缘或有具小尖头的疏锯齿；中部叶渐狭，无柄，上部叶渐小，苞叶状；全部叶无毛，肉质。头状花序排成伞房状。舌状花 1 层。瘦果扁，有边肋，两面各有 1 脉，被疏毛。冠毛在花期长 5 mm，花后增长，达 14~16mm，有多层极细的微糙毛。花果期 8—12 月。

生境与分布：生长于海岸、湖边、沼泽以及古海岸贝壳堤等地的盐渍化低湿地；产天津各地，常见；除蓟州山区外，各河流水系河滨岸带均有分布，常散生或群生。

菊科 - 联毛紫菀属

Asteraceae-*Symphyotrichum*

· 钻叶紫菀 *Symphyotrichum subulatum*

别　　名： 白菊花、钻形紫菀

生 活 型： 一年生草本

形态特征： 高可达 150 cm。主根圆柱状，向下渐狭，茎单一、直立，茎和分枝具粗棱，光滑无毛，基生叶在花期凋落；茎生叶多数，叶片披针状线形，极稀狭披针形，两面绿色，光滑无毛，中脉在背面凸起，侧脉数对。头状花序极多数，花序梗纤细、光滑，总苞钟形，总苞片外层披针状线形，内层线形，边缘膜质，光滑无毛。雌花花冠舌状，舌片淡红色、红色、紫红色或紫色，线形，两性花花冠管状，冠管细，瘦果线状长圆形，稍扁。花果期6—10月。

生境与分布： 喜湿润和肥沃的土壤，适应性非常强，耐盐碱、耐旱、耐贫瘠，生山坡灌丛中、草坡、沟边、路旁、废弃地、荒地、荒野、村旁等地；原产北美，属外来入侵植物（《中国外来入侵植物志》，马金双，2020年），被列入《中国自然生态系统外来入侵物种名单（第三批）》（2014年）；各河流水系河滨岸带均有分布。

菊科 - 飞蓬属
Asteraceae-*Erigeron*

· **小蓬草** *Erigeron canadensis*

别　　名：飞蓬、加拿大蓬、小白酒草

生 活 型：一年生草本

形态特征：根纺锤状，茎直立，高50~100 cm或更高，圆柱状，叶密集，基部叶花期常枯萎，下部叶倒披针形，近无柄或无柄。头状花序多数，小，花序梗细，总苞近圆柱状，总苞片淡绿色，线状披针形或线形，花托平；雌花多数，舌状，白色，舌片小，稍超出花盘，线形；两性花淡黄色，花冠管状。瘦果线状披针形，被贴微毛；冠毛污白色。花期5—9月。

生境与分布：生长于旷野、荒地、村舍附近。原产北美，属外来入侵植物（《中国外来入侵植物志》，马金双，2020年），被列入《中国自然生态系统外来入侵物种名单（第三批）》（2014年）、《重点管理外来入侵物种名录》（2023年）；产天津各地，极为常见；各河流水系河滨岸带均有分布。

菊科 - 飞蓬属
Asteraceae-*Erigeron*

· **一年蓬** *Erigeron annuus*

别　　名: 治疟草、千层塔
生 活 型: 一年生或二年生草本
形态特征: 茎粗壮,高 30~100 cm,直立,上部有分枝。基部叶花期枯萎,长圆形或宽卵形,基部狭成具翅的长柄,边缘具粗齿,下部叶与基部叶同形,但叶柄较短;中部和上部叶较小,长圆状披针形或披针形;最上部叶线形,全部叶边缘被短硬毛,两面被疏短硬毛。头状花序数个或多数,排列成疏圆锥花序,总苞片 3 层,披针形,近等长或外层稍短;外围的雌花舌状,2 层,舌片平展,白色,或有时淡天蓝色,线形,顶端具 2 小齿,花柱分枝线形;中央的两性花管状,黄色,檐部近倒锥形,裂片无毛;瘦果披针形,扁压,被疏贴柔毛;冠毛异形,雌花的冠毛极短。花期 6—9 月。
生境与分布: 常生长于路边旷野或山坡荒地。原产北美洲,在我国已驯化,分布广泛;产天津各地,少见;金钟河、永定新河滨岸带有分布。

菊科 - 飞蓬属
Asteraceae-*Erigeron*

· **香丝草** *Erigeron bonariensis*

别　　名：蓑衣草、野地黄菊、野塘蒿

生 活 型：一年生或二年生草本

形态特征：茎直立或斜升，高 20~50 cm，中部以上常分枝，常有斜上不育的侧枝，密被贴短毛，杂有开展的疏长毛。叶密集，基部叶花期常枯萎，下部叶倒披针形或长圆状披针形，顶端尖或稍钝，基部渐狭成长柄，通常具粗齿或羽状浅裂，中部和上部叶具短柄或无柄，狭披针形或线形，中部叶具齿，上部叶全缘，两面均密被贴糙毛。头状花序多数，在茎端排列成总状或总状圆锥花序；总苞椭圆状卵形，总苞片 2~3 层，线形，顶端尖，背面密被灰白色短糙毛，外层稍短或短于内层之半。花托稍平，有明显的蜂窝孔。瘦果线状披针形，扁压，被疏短毛。花果期 5—10 月。

生境与分布：常生长于荒地、田边、路旁，为一种常见的杂草；原产南美洲，属外来入侵植物（《中国外来入侵植物志》，马金双，2020 年）；产天津近郊，常见；北运河、金钟河、海河河滨岸带有分布。

菊科 - 旋覆花属

Asteraceae-*Inula*

· 旋覆花　*Inula japonica*

别　　名：六月菊、金佛草、旋复花

生 活 型：多年生草本

形态特征：根状茎短，横走或斜升。茎单生，有时 2~3 个簇生，直立，高 30~70 cm。基部叶常较小，在花期枯萎；中部叶长圆形，长圆状披针形或披针形，基部多少狭窄，常有圆形半抱茎的小耳，无柄，顶端稍尖或渐尖，边缘疏齿或全缘，上被疏毛或近无毛，下被疏伏毛和腺点；中脉和侧脉有较密的长毛；上部叶渐狭小，线状披针形。头状花序径 3~4 cm，多数或少数排列成疏散的伞房花序；总苞半球形，总苞片约 6 层，线状披针形，近等长；舌状花黄色，较总苞长；舌片线形；管状花花冠有三角披针形裂片；冠毛 1 层，白色有 20 余个微糙毛，与管状花近等长。瘦果圆柱形，有 10 条沟，顶端截形，被疏短毛。花果期 6—11 月。

生境与分布：生长于山坡路旁、湿润草地、河岸和田埂上；产天津各地，极为常见；各河流水系河滨岸带均有分布。

菊科 - 旋覆花属
Asteraceae-*Inula*

· 线叶旋覆花　*Inula linariifolia*

别　　名: 窄叶旋覆花

生 活 型: 多年生草本

形态特征: 茎被柔毛,上部常被长毛,兼有腺体。基部叶和下部叶线状披针形,有时椭圆状披针形,长5~15 cm,下部渐窄成长柄,边缘常反卷,有不明显小齿,上面无毛,下面有腺点,被蛛丝状柔毛或长伏毛;中部叶渐无柄,上部叶线状披针形或线形。头状花序径1.5~2.5 cm,单生枝端或3~5排成伞房状;总苞半球形,长5~6 mm,总苞片约4层,线状披针形,上部叶质,下部革质,背面被腺和柔毛,有时最外层叶状,较总苞稍长,内层较窄,干膜质,有缘毛;舌状花较总苞长2倍;舌片黄色,长圆状线形,管状花有尖三角形裂片;冠毛白色,与管状花花冠等长,有多数微糙毛。瘦果圆柱形,有细沟,被粗毛。花期7—9月,果期8—10月。

生境与分布: 生长于山坡、荒地、水边和路边湿地;产蓟州、武清、静海、宁河、宝坻,少见;北运河、龙凤河河滨岸带有分布。

本种与旋覆花的区别: 旋覆花叶长圆形、长圆披针形、边缘不反卷。线叶旋覆花叶线状披针形、质厚、边缘反卷。旋覆花头状花序比线叶旋覆花的大。

菊科 - 苍耳属

Asteraceae-Xanthium

· 苍耳 *Xanthium strumarium*

别　　名： 稀刺苍耳、苍耳子、粘头婆、刺苍耳

生 活 型： 一年生草本

形态特征： 高可达 90 cm。根纺锤状，茎下部圆柱形，上部有纵沟，叶片三角状卵形或心形，近全缘，边缘有不规则的粗锯齿，上面绿色，下面苍白色，被糙伏毛。雄性的头状花序球形，总苞片长圆状披针形，花托柱状，托片倒披针形。花冠钟形，花药长圆状线形；雌性的头状花序椭圆形，外层总苞片小，披针形，喙坚硬，锥形。瘦果倒卵形。花果期 7—10 月。

生境与分布： 常生长于空旷干旱的山坡、旱田边盐碱地、干涸河床及路旁；天津各地常见；各河流水系河滨岸带均有分布。

菊科 - 百日菊属
Asteraceae-*Zinnia*

· **多花百日菊** *Zinnia peruviana*

别　　名： 疏花百日草

生 活 型： 一年生草本

形态特征： 茎直立，高25~40 cm，被粗糙毛或长柔毛。叶披针形或狭卵状披针形，基部圆形，半抱茎，两面被短糙毛，三出脉。头状花序生枝端，排列成伞房状圆锥花序；花序梗膨大中空，圆柱状，长2~6 cm。总苞钟状；总苞片多层，长圆形，顶端钝圆形，边缘稍膜质；托片先端黑褐色，钝圆形，边缘稍膜质撕裂；舌状花黄色、紫红色或红色，舌片椭圆形，全缘或先端2~3齿裂；管状花红黄色，长约5 mm，裂片长圆形，上面被黄褐色密茸毛。瘦果楔形，极扁，具3棱，被密毛，有1~2个芒刺。花果期6—11月。

生境与分布： 常野生长于向阳山坡；原产墨西哥，属外来入侵植物（《中国外来入侵植物志》，马金双，2020年）；产天津蓟州下营、八仙山以及常州白滩一带，较常见；淋河、黑水河、关东河、泃河河滨岸带有分布。

菊科 - 鳢肠属

Asteraceae-*Eclipta*

· **鳢肠** *Eclipta prostrata*

别　　名：凉粉草、墨汁草、墨旱莲、墨莱、旱莲草、野万红、黑墨草

生 活 型：一年生草本

形态特征：茎直立，斜升或平卧，高达 60 cm，通常自基部分枝，被贴生糙毛。叶长圆状披针形或披针形，无柄或有极短的柄，顶端尖或渐尖，边缘有细锯齿或有时仅波状，两面被密硬糙毛。头状花序径 6~8 mm；总苞球状钟形，总苞片绿色，草质，5~6 个排成 2 层，长圆形或长圆状披针形，外层较内层稍短，背面及边缘被白色短伏毛，外围的雌花 2 层，舌状，顶端 2 浅裂或全缘，中央的两性花多数，花冠管状，白色，顶端 4 齿裂。托片中部以上有微毛。瘦果暗褐色，雌花的瘦果三棱形，两性花的瘦果扁四棱形，顶端截形，具 1~3 个细齿，表面有小瘤状突起，无毛。花果期 6—9 月。

生境与分布：喜湿润气候，耐阴湿，生长于河边、田边或路旁；产天津各地，常见；各河流水系河滨岸带均有分布。

菊科 - 鬼针草属
Asteraceae-*Bidens*

· 狼耙草 *Bidens tripartita*

别　　名：狼把草、矮狼把草

生 活 型：一年生草本

形态特征：茎高可达150 cm，圆柱状或具钝棱而稍呈四方形。叶对生，下部的较小，不分裂；叶片无毛或下面有极稀疏的小硬毛。头状花序单生茎端及枝端，具较长的花序梗。总苞盘状，条形或匙状倒披针形，先端钝，具缘毛，叶状，内层苞片长椭圆形或卵状披针形；托片条状披针形，约与瘦果等长，背面有褐色条纹，边缘透明；无舌状花，全为筒状两性花；花药基部钝，顶端有椭圆形附器，花丝上部增宽。瘦果扁，楔形或倒卵状楔形，边缘有倒刺毛，两侧有倒刺毛。花果期7—10月。

生境与分布：生长于路边荒地及水边湿地；产天津蓟州区及近郊各地，少见；泃河、淋河、关东河、北运河河滨岸带有分布。

本种与鬼针草、小花鬼针草的区别：狼耙草外层总苞片叶状，头状花序全为管状花。

图源：https://www.pflanzen-deutschland.de/

菊科 - 鬼针草属

Asteraceae-Bidens

· 大狼耙草 *Bidens frondosa*

别　　名：接力草、大狼杷草

生 活 型：一年生草本

形态特征：茎直立，分枝，高 20~120 cm，被疏毛或无毛，常带紫色。叶对生，具柄，为一回羽状复叶，小叶 3~5 枚，披针形，长 3~10 cm，宽 1~3 cm，先端渐尖，边缘有粗锯齿，通常背面被稀疏短柔毛，至少顶生者具明显的柄。头状花序单生茎端和枝端。总苞钟状或半球形，外层苞片 5~10 枚，通常 8 枚，披针形或匙状倒披针形，叶状，边缘有缘毛，内层苞片长圆形，膜质，具淡黄色边缘，无舌状花或舌状花不发育，极不明显，筒状花两性，花冠冠檐 5 裂。瘦果扁平，狭楔形，近无毛或是糙伏毛，顶端芒刺 2 枚，有倒刺毛。花果期 7—10 月。

生境与分布：生长于田野湿润处、水陆交接处；原产北美，属外来入侵植物（《中国外来入侵植物志》，马金双，2020 年），被列入《中国自然生态系统外来入侵物种名单（第四批）》（2016 年）；产天津各地，蓟州、宝坻、武清、宁河常见；泃河、淋河、州河、蓟运河、青龙湾河、龙凤河、潮白新河、北运河河滨岸带有分布。

菊科－鬼针草属
Asteraceae-*Bidens*

· **小花鬼针草** *Bidens parviflora*

别　　名：一包针、锅叉草、小鬼叉、细叶刺针草

生 活 型：一年生草本

形态特征：茎高 20~90 cm。叶对生，具柄，背面微凸或扁平，腹面有沟槽，槽内及边缘有疏柔毛，叶片长 6~10 cm，上面被短柔毛，下面无毛或沿叶脉被稀疏柔毛，上部叶互生，二回或一回羽状分裂。头状花序单生茎端及枝端，具长梗。总苞筒状，基部被柔毛，及果时长可达 8~15 mm，内层苞片稀疏，托片状。托片长椭圆状披针形，膜质，具狭而透明的边缘，果时长达 10~13 mm。无舌状花，花冠筒状。瘦果条形，略具 4 棱，两端渐狭，有小刚毛，顶端芒刺 2 枚，有倒刺毛。花果期 8—10 月。

生境与分布：生长于山坡路边、沟边；产天津蓟州，常见；泃河、淋河、黑水河、关东河河滨岸带有分布。

菊科 - 鬼针草属

Asteraceae-*Bidens*

· 婆婆针　*Bidens bipinnata*

别　　名： 刺针草、鬼针草

生活型： 一年生草本

形态特征： 茎无毛或上部疏被柔毛；叶对生，长 5~14 cm，二回羽状分裂，顶生裂片窄，先端渐尖，边缘疏生不规则粗齿，两面疏被柔毛。头状花序；总苞杯形，外层总苞片5~7，线形，草质，被稍密柔毛，内层膜质，椭圆形，长 3.5~4 mm，背面褐色，被柔毛；舌状花 1~3，不育，舌片黄色，椭圆形或倒卵状披针形；盘花筒状，黄色，冠檐 5 齿裂。瘦果线形，具 3~4 棱，具瘤突及小刚毛，顶端芒刺 3~4 枚，2 枚，具倒刺毛。花果期 8—10 月。

生境与分布： 生长于路边荒地、山坡及田间；原产美洲，属外来入侵植物（《中国外来入侵植物志》，马金双，2020 年）；产天津各地，常见；各河流水系河滨岸带均有分布。

本种与小花鬼针草的区别： 小花鬼针草无舌状花，婆婆针有舌状花。小花鬼针草叶片 2~3 回羽状分裂，裂片宽约 2 mm。婆婆针叶羽状分裂，裂片要宽 4 mm 以上。

菊科 - 鬼针草属
Asteraceae-*Bidens*

· **鬼针草** *Bidens pilosa*

别　　名：白花鬼针草、三叶鬼针草

生 活 型：一年生草本

形态特征：茎直立，高 30~100 cm，钝四棱形。茎下部叶较小，3 裂或不分裂，通常在开花前枯萎，中部叶具无翅的柄，三出，小叶 3 枚，很少为具 5~7 小叶的羽状复叶，两侧小叶椭圆形或卵状椭圆形，先端锐尖，基部近圆形或阔楔形，有时偏斜，不对称，具短柄，边缘有锯齿、顶生小叶较大，长椭圆形或卵状长圆形，先端渐尖，基部渐狭或近圆形，边缘有锯齿，无毛或被稀疏的短柔毛，上部小，3 裂或不分裂，条状披针形。头状花序有长 1~10 cm 的花序梗；总苞基部被短柔毛，条状匙形，上部稍宽；无舌状花，盘花筒状，冠檐 5 齿裂。瘦果黑色，条形，略扁，具棱，上部具稀疏瘤状突起及刚毛，顶端芒刺 3~4 枚，具倒刺毛。花果期 7—10 月。

生境与分布：生长于村旁、路边及荒地中；原产美洲热带地区，属外来入侵植物（《中国外来入侵植物志》，马金双，2020 年），被列入《中国自然生态系统外来入侵种（第三批）》（2014 年）、《重点管理外来物种名录》（2023 年）；产天津各地，较少见；州河、泃河、独流减河河滨岸带有分布。

菊科 - 鬼针草属
Asteraceae-*Bidens*

· **南美鬼针草**　*Bidens subalternans*

别　　名： 鬼针草

生活型： 一年生草本

形态特征： 茎直立，高 40~100 cm，分枝，具 4 棱，无毛或被疏硬毛。叶对生，具柄，一至二回羽状分裂，裂片长圆状披针形或长圆状线形，被密或疏短毛，多少具齿，或具粗锯齿，先端渐尖，叶柄具狭翅。头状花序单生分枝顶端，花期长 8~10 mm，果期长达 17 mm；总苞杯状，基部有柔毛，开花时长约 2.5 mm，果时长达 5mm，草质，先端钝，被稍密的短柔毛；舌状花通常 1~3 朵，不育，舌片黄色，椭圆形或倒卵状披针形，先端全缘或具 2~3 齿，管状花筒状，黄色。瘦果 30~50 个，条形，具 4 棱，有沟槽，顶端具 3~4 根芒刺。花果期 8—10 月。

生境与分布： 生长于沟边、路旁、荒地。原产南美洲，以新拟种列入《中国外来入侵植物志》（马金双，2020 年）；在蓟州、武清、宁河、滨海、南开、西青、东丽等区均有分布，数量极大。蓟运河、潮白新河、龙凤河、独流减河河滨岸带有分布。

菊科 - 牛膝菊属
Asteraceae-Galinsoga

· 牛膝菊 *Galinsoga parviflora*

别　　名: 辣子草

生 活 型: 一年生草本

形态特征: 高可达 80 cm，茎枝被贴伏柔毛和少量腺毛。叶对生，卵形或长椭圆状卵形；向上的及花序下部的叶披针形；茎叶两面疏被白色贴伏柔毛，具浅或钝锯齿或波状浅锯齿。头状花序半球形，排成疏散伞房状；总苞半球形或宽钟状，总苞片 1~2 层，约 5 个，外层短；舌状花 4~5，舌片白色，先端 3 齿裂，筒部细管状，密被白色柔毛；管状花黄色，下部密被白色柔毛；管状花冠毛膜片状，白色，披针形，边缘流苏状。瘦果具 3 棱或中央瘦果 4~5 棱，熟时黑或黑褐色，被白色微毛。花果期 7—10 月。

生境与分布: 生长于林下、河谷地、荒野、河边、田间、溪边或市郊路旁；原产南美洲，属外来入侵植物（《中国外来入侵植物志》，马金双，2020 年）；州河、淋河、泃河河滨岸带有分布，较少见，数量不多。

菊科 - 菊属
Asteraceae-Chrysanthemum

· **甘菊** *Chrysanthemum lavandulifolium*

别　　名: 野菊、甘野菊

生 活 型: 多年生草本

形态特征: 茎直立或斜生，高 30~150 cm，多分枝，幼时有白色软毛。基生叶和茎下部叶花期枯萎；叶片长椭圆形或卵状披针形，顶端渐尖，基部下延，表面有短毛，背面有丁字形柔毛，羽状深裂，裂片长椭圆形，顶端裂片较长，通常有粗齿，侧生裂片较小，叶脉不明显。头状花序较小，多数组成伞房状；总苞片 3~4 层，边缘白色或浅褐色，外层线形或线状长圆形，有毛，内层卵状椭圆形；舌状花黄色，舌片长圆形，顶端渐尖，基部扩大。果实倒卵形，顶端截形。花果期 5—11 月。

生境与分布: 生长于山坡草丛、山谷石缝、杂木林下、河谷、河岸；产天津蓟州区盘山、小港、下营等山区，极为常见；洵河、黑水河、关东河河滨岸带有分布。

菊科 - 蒿属
Asteraceae-*Artemisia*

· 黄花蒿 *Artemisia annua*

别　　名：香蒿

生 活 型：一年生草本

形态特征：植株有浓烈的挥发性香气。茎单生，高 100~200 cm，有纵棱，幼时绿色，后变褐色或红褐色，多分枝；茎、枝、叶两面及总苞片背面无毛或初时背面微有极稀疏短柔毛，后脱落无毛。叶纸质，绿色；茎下部叶宽卵形或三角状卵形，三（至四）回栉齿状羽状深裂，中部叶 2~3 回栉齿状的羽状深裂，上部叶与苞片叶一（至二）回栉齿状羽状深裂，近无柄。头状花序球形，多数，有短梗，下垂或倾斜。花深黄色，花冠狭管状。瘦果小，椭圆状卵形，略扁。花果期 8—11 月。

生境与分布：生长于河边、沟谷、山坡、荒地及居民住宅附近；产天津各地，普遍生长，为常见杂草之一；各河流水系河滨岸带均有分布。

菊科 - 蒿属
Asteraceae-*Artemisia*

· **蒌 蒿** *Artemisia selengensis*

别　　名：芦蒿、水蒿、蒌蒿

生 活 型：多年生草本

形态特征：茎少数或单一，高可达 150 cm，初时绿褐色，后为紫红色，有明显纵棱，下部通常半木质化，上部有着生头状花序的分枝；叶片纸质或薄纸质，上面绿色，无毛或近无毛，背面密被灰白色蛛丝状平贴的绵毛；茎下部叶宽卵形或卵形，分裂叶的裂片线形或线状披针形，叶柄无假托叶，花期下部叶通常凋谢；中部叶近成掌状。头状花序多数，长圆形或宽卵形，苞片卵形或近圆形，背面初时疏被灰白色蛛丝状短绵毛。瘦果卵圆形。花果期 7—10 月。

生境与分布：生长于林缘、路边、堤旁或河边湿地；产天津各地，蓟州常见；洵河、黑水河、淋河、潮白新河、蓟运河河滨岸带有分布。

菊科 - 蒿属
Asteraceae-*Artemisia*

· 艾 *Artemisia argyi*

别　　名：金边艾、艾蒿、端阳蒿

生 活 型：多年生草本或略成半灌木状

形态特征：植株有浓烈香气。主根明显，略粗长，直径达 1.5 cm，侧根多。茎单生或少数，高 80~150（~250）cm，有明显纵棱，褐色或灰黄褐色，基部稍木质化，上部草质，并有少数短的分枝。叶厚纸质，上面被灰白色短柔毛，并有白色腺点与小凹点，背面密被灰白色蛛丝状密绒毛；基生叶具长柄，花期萎谢；叶 1~2 回羽状深裂至全裂，侧裂片 2~3 对，裂片菱形、卵形、椭圆形或披针形。头状花序椭圆形，径 2.5~3（~3.5）mm，无梗或近无梗，每数枚至 10 余枚在分枝上排成小型的穗状花序或复穗状花序，在茎上常组成尖塔形窄圆锥花序。瘦果长卵形或长圆形。花果期 7—10 月。

生境与分布：生长于荒地、草丛、山坡、岩石旁；产天津各地，极为常见；各河流水系河滨岸带均有分布。

菊科 - 蒿属
Asteraceae-*Artemisia*

· **野艾蒿** *Artemisia lavandulifolia*

别　　名：萌地蒿、野艾、小叶艾

生 活 型：多年生草本

形态特征：高 45~120 cm。茎直立，圆形，质硬，基部木质化，被灰白色软毛，从中部以上分枝。单叶，互生；茎下部的叶在开花时即枯萎；中部叶具短柄，叶片卵状椭圆形，羽状深裂，裂片椭圆状披针形，边缘具粗锯齿，上面暗绿色，稀被白色软毛，并密布腺点，下面灰绿色，密被灰白色绒毛；近茎顶端的叶无柄，叶片有时全缘完全不分裂，披针形或线状披针形。头状花序筒形或狭筒状钟形，顶生，由多数头状花序集合而成。瘦果长卵形或倒卵形。花果期 7—10 月。

生境与分布：生长于山坡、路旁、堤岸边、草丛或荒野中；产天津各地，极为常见；各河流水系河滨岸带均有分布。

菊科 - 蒿属
Asteraceae-*Artemisia*

・**莳萝蒿** *Artemisia anethoides*

别　　名: 伪茵陈、小碱蒿

生 活 型: 一年生至二年生草本

形态特征: 茎单生,高 30~90 cm,淡红色或红色,分枝多;茎、枝均被灰白色短柔毛,叶两面密被白色绒毛。基生叶与茎下部叶长卵形或卵形,三(至四)回羽状全裂,小裂片狭线形或狭线状披针形,叶柄长,花期均凋谢;中部叶宽卵形或卵形,2~3 回羽状全裂,小裂片丝线形或毛发状,先端钝尖,近无柄,基部裂片半抱茎。头状花序近球形,多数,具短梗,下垂,在分枝上排成复总状花序或为穗状花序式的总状花序,并在茎上组成开展的圆锥花序。瘦果倒卵形。花果期 6—10 月。

生境与分布: 产天津滨海新区,生长于海河滨岸带泥滩附近荒地草丛,以盐碱地附近最多。在天津滨海新区古海河滨岸带贝壳堤一带和低湿盐渍化的局部地区常成为植被的优势种和次优势种。独流减河、北排水河、青静黄排水河、永定新河滨岸带有分布。

菊科 - 蒿属

Asteraceae-*Artemisia*

· **碱 蒿** *Artemisia anethifolia*

别　　名：大蓟萝蒿

生 活 型：一年生或二年生草本

形态特征：茎单生，稀少数，高 20~50 cm，直立或斜上，具纵棱，下部半木质化，分枝多而长；茎、枝初时有短绒毛，后渐脱落无毛，叶初时被短柔毛，后渐稀疏，近无毛。基生叶椭圆形或长卵形，二至三回羽状全裂，开花时渐萎谢；中部叶卵形、宽卵形或椭圆状卵形，一至二回羽状全裂。头状花序半球形或宽卵形，具短梗，下垂或斜生，基部有小苞叶，在分枝上排成穗状花序式的总状花序。瘦果椭圆形或倒卵形，顶端偶有不对称的冠状附属物。花果期 8—10 月。植株相比其他蒿属要矮小。

生境与分布：生长于山坡、河谷、碱性滩地、盐渍化草丛中，在低湿盐渍化的局部地区常成为植被的优势种和次优势种；产天津滨海新区，常见；独流减河、永定新河、海河河滨岸带有分布。

菊科 - 蒿属
Asteraceae-Artemisia

· 茵陈蒿 *Artemisia capillaris*

别　　名： 茵陈、绵茵陈、白茵陈、绒蒿

生 活 型： 半灌木状草本

形态特征： 主根明显木质，茎单生或少数，高可达 120 cm，红褐色或褐色，基生叶密集着生，常成莲座状；叶片卵圆形或卵状椭圆形，二（至三）回羽状全裂，每侧有裂片，小裂片狭线形或狭线状披针形，通常细直。头状花序卵球形，有短梗及线形的小苞叶。总苞片草质，卵形或椭圆形，背面淡黄色，有绿色中肋，花序托小，凸起；花柱细长，伸出花冠外，花冠管状，花药线形，长三角形，瘦果长圆形或长卵形。花果期 7—10 月。

生境与分布： 生长于山坡、路旁、荒地上；产天津各地，极为常见；各河流水系河滨岸带均有分布。

菊科 - 蒿属

Asteraceae-*Artemisia*

· 猪毛蒿 *Artemisia scoparia*

别　　名： 滨蒿、东北茵陈蒿

生 活 型： 多年生草本或一、二年生草本

形态特征： 茎单生，高达 130 cm，中部以上分枝。基生叶与营养枝叶两面被灰白色绢质柔毛，近圆形或长卵形，二至三回羽状全裂，具长柄；茎下部叶初两面密被灰白或灰黄色绢质柔毛，长卵形或椭圆形，二至三回羽状全裂，小裂片线形；中部叶初两面被柔毛，长圆形或长卵形，一至二回羽状全裂，小裂片丝线形或毛发状；茎上部叶与分枝叶及苞片叶 3~5 全裂或不裂。头状花序近球形，排成复总状或复穗状花序，在茎上组成开展圆锥花序。瘦果倒卵圆形或长圆形，褐色。花果期 7—10 月。

生境与分布： 生长于路边荒地、山坡灌丛间，在滨海地区多生于泥滩附近荒地草丛；产天津各地，常见。

菊科 - 蒿属
Asteraceae-*Artemisia*

· 细裂叶莲蒿　*Artemisia gmelinii*

别　　名: 小裂齿蒿

生 活 型: 亚灌木状草本

形态特征: 茎丛生;茎、枝初被灰白色绒毛;叶上面初被灰白色柔毛,常有白色腺点或凹皱纹,下面密被灰或淡灰黄色蛛丝状柔毛;茎下部、中部与营养枝叶卵形或三角状卵形,二至三回栉齿状羽状分裂,一至二回羽状全裂,小裂片栉齿状短线形或短线状披针形,先端尖,边缘常具数枚小栉齿,基部有栉齿状假托叶;上部叶一至二回栉齿状羽状分裂;苞片叶栉齿状羽状分裂、披针形或披针状线形。头状花序近球形,排成穗状花序或穗状总状花序,在茎上组成总状窄圆锥花序。瘦果长圆形。花果期 8—10 月。

生境与分布: 生长于山坡、草丛、灌丛、滩地等;产天津蓟州,偶见;泃河河滨岸带有分布。

菊科 - 飞廉属

Asteraceae-Carduus

· 飞廉 *Carduus nutans*

别　　名： 飞廉蒿、节毛飞廉

生 活 型： 二年生或多年生草本

形态特征： 高 30~100 cm，具条棱，有数行纵列的绿色翅，翅具齿刺。叶互生，基部叶具短叶柄，下部叶基部下延成柄，椭圆状披针形，羽状深裂（裂片边缘具刺，长 3~7 mm），顶端刺尖，基部下延，上面绿色被微毛或无毛，下面初被蛛丝状毛，后渐无毛；上部叶无柄，渐小。头状花序常 2~3 聚生枝端；总苞钟状；总苞片多层，外层较内层短，中层线状披针形，顶端长尖，成刺状，向外反曲，内层线形，膜质，带紫色；花管状，两性；花冠紫红色，檐部 5 裂片线形。瘦果楔形，长 3.5 mm，褐色，顶端平截，基部狭；冠毛白色或灰白。花果期 6—10 月。

生境与分布： 生长于荒地路旁、山坡草地或田边；产蓟州山地，少见；泃河、关东河、黑水河河滨岸带有分布。

菊科 - 蓟属
Asteraceae-*Cirsium*

· 烟管蓟 *Cirsium pendulum*

别　　名: 大蓟

生活型: 多年生草本

形态特征: 茎直立,高60~120 cm,被蛛丝状毛。叶互生,基部叶和茎下部叶宽,椭圆形,花期枯萎,具长而扁平的叶柄;中部叶无柄,叶片狭椭圆形或宽披针形,顶端尾尖或急尖,羽状深裂,裂片上部边缘具长尖齿,两面均无毛;上部叶渐小,无柄。头状花序单生枝端,或多数在茎上部排成总状圆锥花序,有长花序梗或短梗,下垂;花紫色,两性。瘦果长圆形,稍扁;冠毛灰白色,羽毛状。花果期6—9月。

生境与分布: 生长于河岸、草地、山坡林缘;产天津蓟州,较少见;泃河河滨岸带有分布。

菊科 - 蓟属
Asteraceae-*Cirsium*

· 刺儿菜　*Cirsium arvense var. integrifolium*

别　　名：野红花、小蓟、刺刺菜

生 活 型：多年生草本

形态特征：茎上部花序分枝无毛或有薄绒毛。基生叶和中部茎生叶椭圆形、长椭圆形或椭圆状倒披针形，基部楔形，通常无叶柄；上部叶渐小，椭圆形、披针形或线状披针形；茎生叶均不裂，叶缘有细密针刺，或大部茎叶羽状浅裂或半裂或有粗大圆齿，裂片或锯齿斜三角形，先端有较长针刺，两面绿色或下面色淡，无毛，下面被稀绒毛，呈灰色，或两面被薄绒毛。头状花序单生茎端或排成伞房花序；总苞卵圆形或长卵形，约6层，覆瓦状排列，向内层渐长，先端有刺尖；小花紫红或白色。瘦果淡黄色，椭圆形或偏斜椭圆形。花果期5—9月。

生境与分布：生长于山坡、河旁或荒地、田间；产天津各地，极为常见；各河流水系河滨岸带均有分布。

菊科 – 蓟属
Asteraceae-*Cirsium*

· 野蓟 *Cirsium maackii*

别　　名： 牛戳口

生 活 型： 多年生草本

形态特征： 茎被长毛，上端接头状花序，下部灰白色，有密绒毛。基生叶和下部茎生叶长椭圆形、披针形或披针状椭圆形，向下渐窄成翼柄，柄基有时半抱茎，羽状半裂或深裂，侧裂片 4~8 对，侧裂片边缘均具三角形刺齿及缘毛状针刺；基部耳状抱茎；叶上面绿色，沿脉被长毛，下面浅灰色。头状花序单生茎端，或排成伞房花序；总苞钟状，约 5 层，覆瓦状排列，背面有黑色黏腺；小花紫红色。瘦果淡黄色，偏斜倒披针状；冠毛多层，白色，基部连合成环，整体脱落。花果期 6—9 月。

生境与分布： 生长于山坡草地、林缘、林旁；产天津各地，极为常见；各河流水系河滨岸带均有分布。

菊科 - 泥胡菜属
Asteraceae-*Hemisteptia*

· 泥胡菜 *Hemisteptia lyrata*

别　　名: 石灰菜、猪兜菜
生 活 型: 一年生草本
形态特征: 茎直立单生, 高 30~100 cm, 具纵条纹, 被稀疏蛛丝毛。基生叶长椭圆形或倒披针形, 花期通常枯萎; 全部叶大头羽状深裂或几全裂, 侧裂片倒卵形、长椭圆形、匙形、倒披针形或披针形, 顶裂片大, 长菱形、三角形或卵形; 全部茎叶质地薄, 两面异色, 上面绿色, 下面灰白色。头状花序在茎枝顶端排成疏松伞房花序; 总苞片多层, 覆瓦状排列, 最外层长三角形, 全部苞片质地薄, 草质, 内层苞片顶端长渐尖, 上方染红色; 小花紫色或红色, 花冠裂片线形。瘦果小, 楔状或偏斜楔形, 深褐色。花果期 3—8 月。
生境与分布: 生长于路边荒地、农田或水沟边; 产天津各地, 极为常见; 各河流水系河滨岸带均有分布。

菊科－毛连菜属
Asteraceae-*Picris*

・**毛连菜** *Picris hieracioides*

别　　名：毛柴胡、毛牛耳大黄、枪刀菜

生活型：二年生草本

形态特征：茎上部呈伞房状或伞房圆状分枝，被光亮钩状硬毛。基生叶花期枯萎；下部茎生叶长椭圆形或宽披针形，全缘或有锯齿，基部渐窄成翼柄；中部和上部叶披针形或线形，无柄，基部半抱茎；最上部叶全缘；叶两面被硬毛。头状花序排成伞房或伞房圆锥花序，花序梗细长；总苞圆柱状钟形，长达 1.2 cm，总苞片 3 层，背面被硬毛和柔毛，外层线形，长 2~4 mm，内层线状披针形，长 1~1.2 cm，边缘白色膜质；舌状小花黄色，冠筒被白色柔毛；瘦果纺锤形，长约 3 mm，棕褐色；冠毛白色。花果期 6—9 月。

生境与分布：生长于山坡草地及林下；产天津蓟州区，常见；淋河、泃河、州河河滨岸带有分布。

菊科 - 鸦葱属

Asteraceae-Takhtajaniantha

· 蒙古鸦葱　*Takhtajaniantha mongolica*

别　　名：羊角菜

生 活 型：多年生草本

形态特征：根垂直直伸，圆柱状。茎多数，直立或铺散；茎基部被褐色或淡黄色的鞘状残遗。基生叶长椭圆形或长椭圆状披针形或线状披针形；茎生叶披针形、长披针形、椭圆形、长椭圆形或线状长椭圆形，与基生叶等宽或稍窄；全部叶质地厚，肉质，两面光滑无毛，灰绿色。头状花序单生于茎端，或茎生 2 枚头状花序，成聚伞花序状排列；总苞狭圆柱状，总苞片 4~5 层，外层小，卵形、宽卵形，全部总苞片外面无毛或被蛛丝状柔毛；舌状小花黄色，偶见白色。瘦果圆柱状，淡黄色，冠毛白色。花果期 6—7 月。

生境与分布：生长于盐碱地、盐化低地或河边湿地、河滩地；产滨海新区；独流减河河滨岸带有分布。

菊科 - 蒲公英属

Asteraceae-*Taraxacum*

· 蒲公英 *Taraxacum mongolicum*

别　　名：黄花地丁、婆婆丁

生 活 型：多年生草本

形态特征：根圆柱状，黑褐色，粗壮。叶倒卵状披针形、倒披针形或长圆状披针形，边缘有时具波状齿或羽状深裂，有时倒向羽状深裂或大头羽状深裂，顶端裂片较大，三角形或三角状戟形，全缘或具齿，裂片三角形或三角状披针形，通常具齿，平展或倒向，裂片间常夹生小齿，基部渐狭成叶柄；叶柄及主脉常带红紫色，疏被蛛丝状白色柔毛或几无毛。花葶 1 至数个，上部紫红色，密被蛛丝状白色长柔毛；总苞钟状，淡绿色；外层总苞片卵状披针形至披针形，内层总苞片线状披针形。瘦果倒卵状披针形，上部具小刺。花果期 4—10 月。

生境与分布：生长于田野、路边、山坡草地、河岸沙地；产天津各地，极为常见；各河流水系河滨岸带均有分布。

菊科 – 苦苣菜属

Asteraceae-Sonchus

· **苣荬菜** *Sonchus wightianus*

別　　名：南苦苣菜
生 活 型：多年生草本
形态特征：茎直立，高 30~150 cm，有细条纹，上部或顶部有伞房状花序分枝。基生叶多数，与中下部茎叶全形倒披针形或长椭圆形，羽状或倒向羽状深裂、半裂或浅裂；全部叶裂片边缘有小锯齿或无锯齿而有小尖头；上部茎叶及接花序分枝下部的叶披针形或线钻形，小或极小；全部叶基部渐窄成长或短翼柄，但中部以上茎叶无柄，基部圆耳状扩大半抱茎，顶端急尖、短渐尖或钝，两面光滑无毛。头状花序在茎枝顶端排成伞房状花序。瘦果稍压扁，长椭圆形，冠毛白色。花果期 7—10 月。
生境与分布：生长于山坡草地、林间草地、潮湿地或近水旁、村边或河边砾石滩；产天津各地，居民区、公园绿地常见，河道范围内分布较少；州河、海河河滨岸带有分布。

菊科 - 苦苣菜属
Asteraceae-Sonchus

· 苦苣菜 *Sonchus oleraceus*

别　名: 滇苦荬菜

生活型: 一年生或二年生草本

形态特征: 根圆锥状,垂直直伸,有多数纤维状的须根。茎直立,单生。基生叶羽状深裂,全形长椭圆形或倒披针形。头状花序少数在茎枝顶端排紧密的伞房花序或总状花序或单生茎枝顶端;全部总苞片顶端长急尖,外面无毛或外层或中内层上部沿中脉有少数头状具柄的腺毛;舌状小花多数,黄色。瘦果褐色,长椭圆形或长椭圆状倒披针形,压扁,每面各有 3 条细脉,肋间有横皱纹,顶端狭,无喙,冠毛白色。花果期 5—10 月。

生境与分布: 生长于山坡或山谷林缘、林下或平地田间、空旷处或近水处;产天津各地,常见;各河流水系河滨岸带均有分布。

菊科 - 苦苣菜属
Asteraceae-*Sonchus*

· 长裂苦苣菜 *Sonchus brachyotus*

别　　名: 苣荬菜

生 活 型: 一年生草本

形态特征: 高50~100 cm。茎直立, 有纵条纹, 上部有伞房状花序分枝, 分枝长或短或极短, 全部茎枝光滑无毛。基生叶与下部茎叶全形卵形、长椭圆形或倒披针形, 羽状深裂、半裂或浅裂, 极少不裂, 向下渐狭, 无柄或有长 1~2 cm 的短翼柄, 基部圆耳状扩大, 半抱茎, 侧裂片 3~5 对或奇数, 对生或部分互生或偏斜互生, 线状长椭圆形、长三角形或三角形, 极少半圆形, 顶裂片披针形, 全部裂片边缘全缘, 有缘毛或无缘毛或缘毛状微齿, 顶端急尖或钝或圆形; 中上部茎叶与基生叶和下部茎叶同形并等样分裂, 但较小; 最上部茎叶宽线形或宽线状披针形, 接花序下部的叶常钻形; 全部叶两面光滑无毛。头状花序少数在茎枝顶端排成伞房状花序。总苞钟状, 顶端急尖, 外面光滑无毛。舌状小花多数, 黄色。瘦果长椭圆形, 冠毛白色, 单毛状。花果期 6—9 月。

生境与分布: 生长于山地草坡、河边或碱地; 产天津各地, 极为常见; 各河流水系河滨岸带均有分布。

菊科 - 苦苣菜属
Asteraceae-*Sonchus*

· 续断菊 *Sonchus asper*

别　　名: 断续菊、花叶滇苦荬菜

生 活 型: 一年生草本

形态特征: 茎直立，高 20~50 cm，有纵纹或纵棱。基生叶与茎生叶同型，但较小；中下部茎叶长椭圆形、倒卵形、匙状或匙状椭圆形，顶端渐尖、急尖或钝，基部渐狭成短或较长的翼柄，柄基耳状抱茎；上部茎叶披针形，不裂，基部扩大，圆耳状抱茎。全部叶及裂片与抱茎的圆耳边缘有尖齿刺，两面光滑无毛，质地薄。头状花序在茎枝顶端排稠密的伞房花序。总苞宽钟状，总苞片 3~4 层，向内层渐长，覆瓦状排列。舌状小花黄色。瘦果倒披针状，压扁；冠毛白色，柔软，彼此纠缠，基部连合成环。花果期 5—10 月。

生境与分布: 产天津南开、东丽、滨海、蓟州、武清等区，主要出现在社区绿地、公园绿地等较潮湿的地方。北运河、泃河下游河滨岸带有分布。

菊科 - 莴苣属
Asteraceae-Lactuca

· 野莴苣 *Lactuca serriola*

别　　名： 刺莴苣、奶蓟

生 活 型： 一年生草本

形态特征： 茎单生，直立，高 50~80 cm。无毛或有时有白色茎刺，上部圆锥状花序分枝或自基部分枝。叶中下部茎叶倒披针形或长椭圆形。头状花序多数，在茎枝顶端排成圆锥状花序；总苞果期卵球形，总苞片约 5 层，外层及最外层小，中内层披针形，全部总苞片顶端急尖，外面无毛；舌状小花 15~25 枚，黄色。瘦果倒披针形，压扁，浅褐色，上部有稀疏的上指的短糙毛。花果期 6—8 月。全株有毒。

生境与分布： 原产欧洲，属外来入侵植物（《中国外来入侵植物志》，马金双，2020 年），被列入《重点管理外来入侵物种名录》（2023 年）；于天津发现的野莴苣群落位于海河河口上溯 1 800 m 河畔堤内高滩地上。

菊科－莴苣属
Asteraceae-Lactuca

· 翅果菊 *Lactuca indica*

别　　名: 苦莴苣、山莴苣、多裂翅果菊

生 活 型: 一年生或多年生草本

形态特征: 茎单生，无毛，上部多分枝。下部叶早落；中部叶无柄，线形或线状披针形，顶端渐尖，基部扩大呈戟形半抱茎，全缘或倒向羽状全裂或深裂，裂片边缘缺刻状或锯齿状针刺；上部叶变小，线状披针形或线形，两面无毛或背面中脉被疏毛。头状花序多数在茎枝顶端排列成圆锥状，总苞近圆筒状，总苞片 3~4 层，顶端钝或尖，常带紫红色，背面被微毛，外层宽卵形，内层长圆状披针形；舌状花淡黄色。瘦果椭圆形，冠毛白色。花果期 7—10 月。

生境与分布: 生长于田野、草甸、河滩、河谷、洼地；产天津各地，适应性强，对土壤要求不严，分布极为普遍；各河流水系河滨岸带均有分布。有些植株长得十分高大近灌木状。

本种与近似种野莴苣的区别: 两者高度、花形、花色均相仿。翅果菊花稍大，舌状小花 21 枚，本种舌状花 7~15 枚。野莴苣全部叶背面沿中脉有刺毛，刺毛黄色，而翅果菊叶脉没有刺毛。

菊科 - 莴苣属
Asteraceae-*Lactuca*

· 乳苣 *Lactuca tatarica*

别　　名： 紫花山莴苣

生 活 型： 多年生草本

形态特征： 茎直立，高 15~60 cm，有细条棱或条纹，茎枝光滑无毛。中下部茎叶长椭圆形或线状长椭圆形或线形，基部渐狭成短柄，羽状浅裂或半裂或边缘有多数或少数大锯齿，顶端钝或急尖，侧裂片 2~5 对，中部侧裂片较大，向两端的侧裂片渐小，边缘全缘或有稀疏的小尖头或边缘多锯齿，顶裂片披针形或长三角形，边缘全缘或边缘细锯齿或稀锯齿；向上的叶与中部茎叶同形或宽线形，但渐小；全部叶质地稍厚，两面光滑无毛。头状花序约含 20 枚小花，多数，在茎枝顶端狭或宽圆锥花序；舌状小花紫色或紫蓝色，管部有白色短柔毛。瘦果长圆状披针形，稍压扁。花果期 6—9 月。

生境与分布： 生长于河滩、田野、沙地及轻碱地上；除蓟州外的天津各地均常见，常与芦苇、碱蓬伴生。

菊科 - 苦荬菜属

Asteraceae-Ixeris

· 中华苦荬菜　*Ixeris chinensis*

别　　名: 苦菜、中华小苦荬

生活型: 多年生草本

形态特征: 株高 5~47 cm，无毛。茎自基部分枝很多，下部平铺或斜出，逐渐向上直立。基生叶莲座状，线状披针形或倒披针形，顶端钝或急尖，基部下延成窄叶柄，全缘或有疏生小齿或不规则羽裂；茎生叶细尖，全缘，基部不抱茎。头状花序多数，在茎顶排成伞房状，梗细；总苞圆筒状；外层总苞片短，卵形，内层线状披针形，等长；舌状花黄色、白色或变淡紫红色，20~25 朵，舌片顶端 5 齿裂。瘦果狭披针形，稍扁，红棕色；冠毛白色。花果期 4—10 月。

生境与分布: 生长于路边、荒地、田间、山坡；产天津各地，极为常见；各河流水系河滨岸带均有分布。

菊科 - 假还阳参属
Asteraceae-*Crepidiastrum*

· 尖裂假还阳参 *Crepidiastrum sonchifolium*

别　　名：抱茎苦荬菜

生 活 型：多年生草本

形态特征：高 30~70 cm，无毛。基生叶多数，长圆形或倒卵状长圆形，顶端急尖或圆钝，基部下延成柄，边缘具锯齿或不整齐的羽状浅裂至深裂，上面有微毛；茎生叶较小，卵状长圆形或卵状披针形，顶端锐尖或渐尖，中部以下最宽，基部扩大成圆耳状或戟形而抱茎，全缘或羽状分裂。头状花序多数成伞房状，具细梗；总苞圆筒形；总苞片 2 层，无毛，外层 5 片，短小，卵形；内层 8~9，较长，线状披针形，背部具 1 条中肋；舌状花黄色。瘦果纺锤形，黑褐色，喙短；冠毛白色。花果期 4—7 月。

生境与分布：生长于山野、平原、草甸、村舍附近；产天津各地，极为常见；各河流水系河滨岸带均有分布。

菊科 - 假还阳参属
Asteraceae-Crepidiastrum

· 黄瓜菜 *Crepidiastrum denticulatum*

别　名： 秋苦荬菜、羽裂黄瓜菜

生 活 型： 一年生或二年生草本。**形态特征：** 高 30~80 cm，无毛，多分枝，常带紫红色。基生叶花期枯萎，下部叶及中部叶质薄，倒长卵形或倒卵状椭圆形至披针形，顶端锐尖或钝，基部渐狭成短柄或无柄而成耳状抱茎，中部以上最宽，边缘疏具波状浅齿，稀全缘，上面绿色，下面灰绿色，有白粉；最上部叶变小，基部耳状抱茎。头状花序多数，在茎顶成伞房状，具细梗；总苞圆筒形，无毛；总苞片 2 层，外层 3~6，短小，卵形；内层 7~8，较长，线状披针形；舌状花黄色。瘦果纺锤形，冠毛白色。花果期 8—9 月。

生境与分布： 生长于山地林缘、草甸、荒坡；产天津蓟州区、武清，少见；泃河河滨岸带有分布。

菊科 – 黄鹌菜属
Asteraceae-*Youngia*

· 黄鹌菜　*Youngia japonica*

别　　名： 黄鸡婆、黄连连

生 活 型： 多年生草本

形态特征： 高 10~100 cm。茎直立，单生或少数茎成簇生，顶端伞房花序状分枝或下部有长分枝，下部被稀疏的皱波状长或短毛。基生叶倒披针形、椭圆形、长椭圆形或宽线形，大头羽状深裂或全裂，极少有不裂的；无茎叶或极少有 1~2 枚茎生叶，与基生叶同形；全部叶及叶柄被皱波状长或短柔毛。头状花序有柄，少数或多数在茎枝顶端排成伞房花序；总苞圆筒形，外层总苞片远小于内层，花序托平；全为舌状花，花冠黄色。瘦果纺锤形，压扁，冠毛白色。花果期 4—10 月。

生境与分布： 生长于草坪、山坡、路边、林缘和荒野等地；产天津各地，在居民区、公园绿地极为常见；北运河、海河、州河河滨岸带有分布。

菊科 - 黄顶菊属
Asteraceae-*Flaveria*

· 黄顶菊 *Flaveria bidentis*

别　　名： 二齿黄菊，三脉黄顶菊

生 活 型： 一年生草本

形态特征： 株高 20~100 cm，最高的可达到 3 m 左右。茎直立，常带紫色，具有数条纵沟槽，茎上带短绒毛。叶交互对生，长椭圆形，叶边缘有稀疏而整齐的锯齿，基部生 3 条平行叶脉。主茎及侧枝顶端上有密密麻麻由很多个只有米粒大小的花朵组成的黄色花序，头状花序聚集顶端成蝎尾状聚伞花序，花冠鲜艳，花鲜黄色。每一朵花产生一粒瘦果，无冠毛，一粒果实中有一粒种子，种子为黑色，极小。花果期 7—11 月。

生境与分布： 喜荒地、沟边、公路两旁等富含矿物质及盐分的生长环境；原产南美，属外来入侵植物（《中国外来入侵植物志》，马金双，2020 年），被列入《中国自然生态系统外来入侵物种名单（第二批）》（2010 年）、《重点管理外来入侵物种名录》（2023 年）；独流减河团泊段河滨岸带有分布。

| 单子叶植物

香蒲科 – 香蒲属

Typhaceae-*Typha*

· 水烛　*Typha angustifolia*

别　　名： 狭叶香蒲、蜡烛草、蒲草

生活型： 多年生水生或沼生草本

形态特征： 根状茎横生于泥中，生多数须根。地上茎直立，粗壮，高 1.5~3m。叶狭线形，宽 5~10 mm。穗状花序圆柱形，长 30~60 cm；雌雄花序不连接；雄花序在上，长 20~30 cm；雄花序轴具褐色扁柔毛，单出，或分叉。基生毛比花药长，花粉柱单生；雌花序在下。长 10~30 cm，成熟时直径为 1~2.5 cm；雌花有叶状小苞片，匙形，花后脱落，比柱头短，柱头线状长圆形，花被退化为茸毛状，与小苞片近等长而比柱头短。小坚果长椭圆形，具褐色斑点，纵裂。花果期 5—9 月。

生境与分布： 典型的沼生植物，生长于池塘、洼淀、水边和浅水沼泽中，生境常年积水，水深 0.3~1.0 m 不等；产天津各地，常见；各河流水系均有分布，通常形成单优种群落，往往也与芦苇、扁秆藨草、水葱等植物伴生。

香蒲科 - 香蒲属
Typhaceae-*Typha*

· 无苞香蒲 *Typha laxmannii*

别　　名： 拉氏香蒲

生 活 型： 多年生沼生或水生草本

形态特征： 茎直立，纤细，高 1~1.3 m。叶狭长，线形，下部呈半圆筒状，在靠近雌雄花序附近时则渐扁呈平片状，长于花序；叶鞘圆筒状，有白色膜质边缘，抱茎。雌雄花序间不连接，中间相隔 2~5 cm，雄花序在上，细长圆柱状，淡黄色，雄穗在幼嫩时常在其顶部或基部处伸出线形淡白绿色、质薄的叶状总苞片，此苞随着雄穗的发育而脱落；雌花序在下，短椭圆状圆柱形，红褐色或深褐色，果期直径可达 2.3~3 cm，雌穗在幼嫩时，基部也包有一叶状总苞片，随着雌花序的发育此苞即脱落。小坚果长椭圆形，有细长柄，花柱细长，宿存。花果期 6—9 月。

生境与分布： 生长于水塘、浅水沼泽地或低洼沼泽地上；产天津各地，较常见，往往与芦苇、扁秆藨草、水葱等植物伴生；永定新河、潮白新河、北运河、州河有分布。

眼子菜科 - 眼子菜属
Potamogetonaceae-*Potamogeton*

· 菹草 *Potamogeton crispus*

别　　名: 札草、虾藻

生 活 型: 多年生沉水草本

形态特征: 根状茎细弱,匍匐。茎稍扁平,多分枝,分枝顶端常有冬芽(分枝顶端常成短枝,枝顶密生叶,叶片质厚而硬,基部扩张,边缘有锐齿),脱落后长成新植株。叶宽披针形或线状披针形,顶端钝圆或尖锐,基部近圆形或狭,无柄,边缘波状皱褶,有细锯齿,有3脉;托叶薄膜质,基部与茎相连,顶端常破裂成丝状,不久即脱落。穗状花序生于茎顶叶腋,花序梗长 2~5 cm,花穗疏生数花。小坚果卵圆形,背部具脊,全缘或有锯齿。花果期4—7月。

生境与分布: 生长于河道、静水池塘、水稻田和沟渠中;产天津各地,极为常见;各河流水系均有分布。菹草是一种秋季发芽、越冬生长的沉水植物。春季,菹草在天津各河道、水库疯狂生长,进入夏季后,多数植株衰败死亡,迅速腐烂变质,对水体水质、水生态有较大影响。

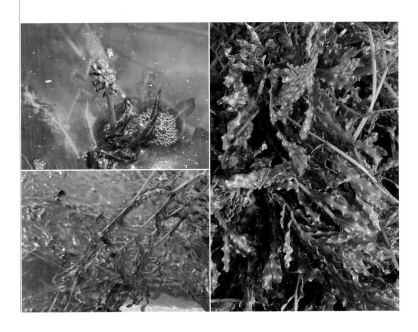

眼子菜科 - 眼子菜属
Potamogetonaceae-*Potamogeton*

· **眼子菜** *Potamgogeton distinctus*

别　　名：鸭子草、水案板、水上漂

生 活 型：多年生水生草本

形态特征：根茎发达，白色，多分枝，常于顶端形成纺锤状休眠芽体，并在节处生有稍密的须根。茎圆柱形，通常不分枝。浮水叶革质，披针形、宽披针形至卵状披针形，先端尖或钝圆，基部钝圆或有时近楔形，具5~20 cm长的柄；叶脉多条，顶端连接；沉水叶披针形至狭披针形，草质，具柄，常早落；托叶膜质，顶端尖锐，呈鞘状抱茎。穗状花序顶生，具花多轮，开花时伸出水面，花后沉没水中；花序梗稍膨大，粗于茎，花时直立，花后自基部弯曲；花小，被片4，绿色；雌蕊2枚（稀为1或3枚）。果实宽倒卵形。花果期5—10月。

生境与分布：生长于静水池沼、稻田沟渠、水塘、水库中；产天津各地，少见；淋河、洵河有分布。

眼子菜科 - 眼子菜属
Potamogetonaceae-*Potamogeton*

· 竹叶眼子菜　*Potamogeton wrightii*

别　　名： 马来眼子菜

生 活 型： 多年生沉水草本

形态特征： 根茎发达，白色，节处生有须根。茎圆柱形，直径约2mm，不分枝或具少数分枝。叶全部沉没于水中，互生，在花梗下的对生；叶条形或条状披针形，具长柄；叶片先端钝圆而具小凸尖，基部钝圆或楔形，边缘浅波状，有细微的锯齿；中脉显著，自基部至中部发出6至多条与之平行、并在顶端连接的次级叶脉，三级叶脉清晰可见；托叶大而明显，近膜质，与叶片离生，鞘状抱茎。穗状花序顶生，具花多轮，密集或稍密集；花序梗膨大，稍粗于茎；花小，被片4，黄绿色。果实倒卵形，两侧稍扁。花果期6—10月。

生境与分布： 生长于灌渠、池塘、河流等静、流水体中，水体多呈微酸性；产天津蓟州、宁河，较少见；洵河、淋河有分布。

眼子菜科 - 眼子菜属
Potamogetonaceae-*Potamogeton*

· 穿叶眼子菜 *Potamogeton perfoliatus*

别　　名： 抱茎眼子菜

生 活 型： 多年生沉水草本

形态特征： 具发达的根茎。根茎白色，节处生有须根。茎圆柱形，上部多分枝。叶卵形、卵状披针形或卵状圆形，无柄，先端钝圆，基部心形，呈耳状抱茎，边缘波状，常具极细微的齿；基出 3 脉或 5 脉，弧形，顶端连接，次级脉细弱；托叶膜质，无色，早落。穗状花序顶生，具花 4~7 轮，密集或稍密集；花序梗与茎近等粗；花小，被片 4，淡绿色或绿色。果实倒卵形，顶端具短喙，背部 3 脊，中脊稍锐，侧脊不明显。花果期 5—10 月。

生境与分布： 穿叶眼子菜因茎好似从叶中穿过而得名，生于湖泊、池塘、灌渠、河流等水体，水质多微酸至中性，常群生分布于清洁水域，喜透明度高的环境，适宜于流动性较小的环境中生长。泃河杨庄水库以上段有分布。

眼子菜科 - 眼子菜属

Potamogetonaceae-*Potamogeton*

· 小眼子菜 *Potamogeton pusillus*

别　　名：线叶眼子菜

生 活 型：多年生沉水草本

形态特征：茎椭圆状柱形或近圆柱形，纤细，具分枝，近基部常匍匐地面，节疏生白色须根。叶线形，先端渐尖，全缘，叶脉 1 或 3，中脉明显，两侧有通气组织所形成的细纹，侧脉无或不明显；无柄，托叶透明膜质，与叶离，边缘合生成套管状抱茎（或幼时套管状），常早落。休眠芽腋生，纤细纺锤状，下面具 2 或 3 枚小苞叶。穗状花序顶生，花 2~3 轮，间断排列；花序梗与茎相似或稍粗于茎；花小，花被片 4，绿色。果实斜倒卵圆形，顶端具稍向后弯短喙，龙骨脊钝圆。花果期 5—10 月。

生境与分布：生长于静水池沼、沟渠和水田；产天津蓟州、宁河，少见；淋河、泃河有分布。

泽泻科 - 泽泻属
Alismataceae-*Alisma*

· 东方泽泻 　*Alisma orientale*

别　　名: 水泻、芒芋

生 活 型: 多年生水生或沼生草本

形态特征: 茎直立，高可达 1 m。叶全部基生，叶柄长 5~50 cm，基部鞘状；叶椭圆形、长椭圆形或宽卵形，长 2.5~18cm，宽 1~9 cm，顶端渐尖、锐尖或突尖，基部楔形、圆形或心形。花茎直立，长 10~100 cm，花序的分枝与花柄通常 5~7 轮生，呈伞状，轮生的枝可再分枝组成大型圆锥花序；花两性；外轮花被片 3，萼片状，宽卵形，长 2~3 mm，宽 1.5 mm；内轮花被片 3，花瓣状，白色，较外轮小；雄蕊 6；心皮多数，轮生，花柱较子房短或等长，弯曲。瘦果扁平，倒卵形，长 2~2.5 mm，宽约 2 mm，背部有 2 脊和 1 沟槽。花果期 6—9 月。

生境与分布: 生长于沼泽、水田、水沟、湖泊及池塘等浅水区，喜光，也可稍耐阴，对水位及气温的适应范围较宽；产天津蓟州、武清，较少见；仅在淋河有分布。

泽泻科 - 慈菇属
Alismataceae-*Sagittaria*

· 野慈姑　*Sagittaria trifolia*

别　　名：狭叶慈姑、剪刀草

生 活 型：多年生沼泽或水生草本

形态特征：茎直立，高达 1 m。有匍匐枝，枝端膨大成球茎。叶有长柄，长 20~60 cm；叶箭形，裂片卵形至线形，宽或窄变化很大，顶端的裂片长 5~15 cm，顶端钝或锐尖，基部两侧的裂片较顶端的裂片长或短，向两侧开展。花茎高 20~80 cm，总状花序，顶生，花 3~5 朵为一轮，单性，下部为雌花，有短梗，上部为雄花，有细长花梗；苞片披针形；外轮花被片 3，萼片状，卵形；内轮花被片 3，花瓣状，白色，基部常有紫斑。瘦果斜倒卵形，扁平，背腹两面有薄翅。花果期 5—10 月。

生境与分布：生长于浅水沟塘或沼泽地；产天津各地，目前生长较少，仅在淋河发现有分布。

花蔺科 - 花蔺属
Butomaceae-*Butomus*

· 花蔺 *Butomus umbellatus*

别　　名：草灯芯，水生唐菖

生 活 型：多年生水生草本

形态特征：根状茎粗壮坚硬，横生。叶基生，线形，基部三棱状，长 30~120 cm，宽 3~10 mm，顶端渐尖，基部鞘状。花茎圆柱形，直立。花序伞形，顶生，下面有 3 片卵状披针形的苞片，长 10~20 mm，宽约 5 mm；花柄细长，长 4~10 cm；花直径 1.5~2.5 cm，外轮花被片 3，萼片状，带紫色；内轮花被片 3，花瓣状，淡红色；雄蕊 9，花丝基部稍宽，花药带红色；心皮 6，幼嫩时粉红色，分离或基部合生，轮状排列，柱头纵折状，胚珠多数。果为蓇葖果，熟时沿腹缝开裂；种子多数，细小。花果期 5—9 月。

生境与分布：生长于水边或沼泽地；产天津环城四区及宝坻、武清、静海（团泊洼），少见；潮白新河国家湿地公园、泃河、州河、北运河河滨岸带有分布。

水鳖科 - 茨藻属

Hydrocharitaceae-*Najas*

· 大茨藻 *Najas marina*

别　　名: 茨藻、刺藻

生 活 型: 一年生沉水草本

形态特征: 植株高 0.3~1 m，多汁。茎较粗壮，径 1~4.5 mm，黄绿至墨绿色，质脆，节间长 1~10 cm，节部易断裂；分枝多，二叉状，常疏生锐尖粗刺，先端黄褐色，表皮与皮层分界明显。叶近对生或 3 叶轮生，叶线状披针形，稍上弯；先端黄褐色刺尖，具粗锯齿，下面沿中脉疏生长约 2 mm 的刺，全缘或上部疏生细齿，齿端黄褐色刺尖；无柄，叶鞘圆形，抱茎。花单性，雌雄异株，单生于叶腋；雄花具瓶状佛焰苞；花被片 1，先端 2 裂。瘦果椭圆形或倒卵状椭圆形；种子卵圆形或椭圆形，种皮质硬，易碎，外种皮细胞多边形，排列不规则。花果期 7—9 月。

生境与分布: 生长于水塘、池沼和缓流的水中；产天津各地，少见；新引河、洵河、州河有分布。

水鳖科 - 水鳖属
Hydrocharitaceae-Hydrocharis

· 水鳖 *Hydrocharis dubia*

别　　名：水苏、茗菜、马尿花、水旋覆
生 活 型：多年生水生漂浮草本
形态特征：须根长达 30 cm。匍匐茎发达，顶端生芽。叶簇生，多漂浮，有时伸出水面；叶片心形或圆形，先端圆，基部心形，全缘，远轴面有蜂窝状贮气组织，并具气孔；中脉明显，与第一对侧生主脉所成夹角呈锐角。花单性，雌雄异株；雄花 2~3 朵，序腋生；佛焰苞膜质，透明，具红紫色条纹，离生，长椭圆形，常具红色斑点；花瓣黄色，与萼片互生，广倒卵形或圆形，先端微凹，基部渐狭。果实浆果状，球形至倒卵形。花果期 8—10 月。由于其叶背有广卵形的泡状贮气组织，用来储存空气，外形像鳖，所以叫"水鳖"。
生境与分布：生长于流速缓慢的河流、湖泊、水库、静水池中，适应性强，喜热耐寒，喜光耐阴，喜肥厌贫，在过酸或过碱的条件下能够生存；产天津各地，常见；各河流水系均有分布。

水鳖科 - 黑藻属
Hydrocharitaceae-*Hydrilla*

- ### 黑藻 *Hydrilla verticillata*

别　　名：轮叶黑藻、温丝草、水王荪

生 活 型：多年生沉水草本

形态特征：茎分枝，呈圆柱形，表面具纵向细棱纹，质较脆，长达2m。叶无柄，具腋生小鳞片，4~8片轮生，叶质薄，透明，线形或长条形，常具紫红色或黑色小斑点，先端锐尖，边缘锯齿明显；主脉1条，明显。花单性，雌雄异株；雄佛焰苞近球形，绿色，表面具明显的纵棱纹，顶端具刺凸；雄花单生于苞片内，开花时伸出水面，萼片3，白色，稍反卷；花瓣3，反折开展，白色或粉红色；雄花成熟后自佛焰苞内放出，漂浮于水面开花；雌佛焰苞管状，绿色；苞内雌花1朵。果实圆柱形，表面常有2~9个刺状凸起。花果期5—10月。

生境与分布：生长于淡水池塘或沟渠中；产天津近郊及蓟州、宁河、静海。

水鳖科 - 苦草属
Hydrocharitaceae-*Vallisneria*

· 苦草 *Vallisneria natans*

别　　名：扁担草、韭菜草、面条草
生 活 型：一年生沉水草本
形态特征：叶基生，线形或带形，长 20~200 cm，宽 0.5~2 cm，绿色或略带紫红色，常具棕色条纹和斑点，先端圆钝，边缘全缘或具不明显的细锯齿；无叶柄；叶脉 5~9 条，萼片 3 片，大小不等。花单性；雌雄异株；雄佛焰苞卵状圆锥形，每佛焰苞内含雄花 200 余朵或更多，成熟的雄花浮在水面开放；萼片 3，大小不等，两片较大，成舟形浮于水上，中间一片较小，中肋部龙骨状，向上伸展似帆；雄蕊 1 枚；雌佛焰苞筒状，绿色或暗紫红色，梗纤细，绿色或淡红色，甚至更长，随水深而改变；雌花单生于佛焰苞内。果实圆柱形。花果期 8—10 月。
生境与分布：生长于淡水池沼、沟渠或稻田中；产蓟州于桥水库、宝坻、武清、宁河；于桥水库、永定新河、新引河有分布。

图源:https://mcmerwe.co.za/

禾本科 - 假稻属

Poaceae-*Leersia*

· 假稻 *Leersia japonica*

别　　名: 水游草

生 活 型: 多年生湿生禾草

形态特征: 秆下部伏卧地面,节上生根,上部向上斜升,高达 80 cm,节上密生倒毛;叶鞘通常短于节间;叶舌长 1~3 mm,顶部截平,基部两侧与叶鞘愈合;叶片长 5~15 cm,宽 4~8 mm。圆锥花序长 9~12 cm,分枝光滑,有角棱,较压扁,直立或斜升,长达 6 cm;小穗长 4~6 mm,草绿色或带紫色,含 1 花,两侧压扁;颖完全退化,外稃硬纸质,有 5 脉,脊具刺毛,边缘极接近边缘;内稃有 3 脉,中脉有刺毛,两边为外稃所紧抱;雄蕊 6。花果期 7—9 月。

生境与分布: 生长于池塘、水田、溪沟湖旁的湿地;产天津北辰;北辰区永定新河侧新引河有集中分布。

禾本科 - 芦苇属
Poaceae-Phragmites

· **芦苇** *Phragmites australis*

别　　名: 蒹葭

生 活 型: 多年生草本

形态特征: 茎十分发达。秆直立，高 1~3 m，节下被腊粉。叶鞘长于节间；叶舌边缘密生一圈短纤毛，易脱落；叶片披针状线形，无毛，顶端长渐尖成丝形。圆锥花序大型，长 20~40 cm，宽约 10 cm，分枝多数，着生稠密下垂的小穗；小穗柄长 2~4 mm，无毛；小穗长约 12 mm，含 4 花。颖具 3 脉。第一不孕外稃雄性，长约 12 mm，第二外稃长 11 mm，具 3 脉，顶端长渐尖，基盘延长，两侧密生等长于外稃的丝状柔毛，与无毛的小穗轴相连接处具明显关节，成熟后易自关节上脱落；内稃两脊粗糙。颖果长约 1.5 mm。花果期 7—11 月。

生境与分布: 生长于江河湖泽、池塘沟渠沿岸和低湿地；除在森林生境不生长外，在各种有水源的空旷地带常以迅速扩展的繁殖能力形成连片的芦苇群落；产天津各地，极为常见；各河流水系均有分布。

禾本科 - 芦竹属

Poaceae-*Arundo*

· 芦竹 *Arundo donax*

别　　名： 芦荻竹、芦竹笋、芦竹根、楼梯杆

生 活 型： 多年生草本

形态特征： 具发达根状茎。秆粗大直立，高 3~6 m，直径可达 3.5 cm，坚韧，具多数节，常生分枝。叶鞘长于节间，无毛或颈部具长柔毛；叶舌截平，先端具短纤毛；叶片扁平，长 30~50 cm，宽 3~5 cm，上面与边缘微粗糙，基部白色，抱茎。圆锥花序极大型，长 30~90 cm，宽 3~6 cm，分枝稠密，斜升；小穗长 10~12 mm；含 2~4 小花，小穗轴节长约 1 mm；外稃中脉延伸成 1~2 mm 之短芒，背面中部以下密生长柔毛，毛长 5~7 mm，基盘长约 0.5 mm，两侧上部具短柔毛，第一外稃长约 1 cm；内稃长约为外稃之半。颖果细小黑色。花果期 9—12 月。

生境与分布： 喜温暖，喜水湿，较耐寒，生长于河岸道旁、砂质壤土上，对土壤适应性强，可在微酸或微碱性土中生长；潮白新河宝坻国家湿地公园有种植，青静黄排水河、子牙新河下游入海附近有分布。

禾本科 - 臭草属
Poaceae-*Melica*

· 臭草 *Melica scabrosa*

别　　名：毛臭草

生 活 型：多年生草本

形态特征：秆丛生，直立或基部膝曲，高 30~70 cm，基部密生分蘖。叶鞘闭合近鞘口，常撕裂，光滑或微粗糙，下部者长于而上部者短于节间；叶舌透明膜质，顶端撕裂而两侧下延；叶片质较薄，扁平，干时常卷折，两面粗糙或上面疏被柔毛。圆锥花序狭窄；分枝直立或斜向上升；小穗柄短，纤细，上部弯曲，被微毛；小穗淡绿色或乳白色，含孕性小花 2~4（~6）枚；颖膜质，狭披针形，两颖几等长，背面中脉常生微小纤毛；外稃草质，顶端尖或钝且为膜质；内稃短于外稃或相等，倒卵形，顶端钝。颖果褐色，纺锤形。花期 4—7 月。

生境与分布：生长于山坡草地、荒芜田野、渠边路旁，喜暖热气候条件，耐旱、耐瘠薄，对土壤要求不严；产蓟州山区；淋河、泃河、黑水河、关东河、新引河河滨岸带有分布。

禾本科 - 披碱草属

Poaceae-*Elymus*

· 鹅观草 *Elymus kamoji*

别　　名：柯孟披碱草

生 活 型：多年生草本

形态特征：秆丛生，高 30~100 cm。叶鞘光滑，外侧边缘常有纤毛；叶舌截平；叶片长 5~10 cm，宽 3~13 mm，光滑或稍粗糙。穗状花序长 7~20 cm，弯曲下垂；穗轴节间长 8~16 mm，基部的节间长可达 25mm，边缘粗糙或有短纤毛；小穗含 3~10 小花，小穗轴节间被微小短毛；颖卵状披针形，先端有时具短芒，有 3~5 脉，边缘有白色的膜质；外稃披针形，边缘有较宽的膜质，背部和基盘近于无毛，上部有明显的 5 脉；第一外稃长，先端有长芒，芒直或上部稍曲折；内稃稍长或稍短于外稃。花果期 5—7 月。

生境与分布：生长于河堤草丛、山坡和湿润草地上；产天津各地，较常见；黑水河、泃河、独流减河、潮白新河、龙凤河、青龙湾河河滨岸带有分布。

禾本科 - 赖草属
Poaceae-Leymus

· 羊草 *Leymus chinensis*

别　名: 碱草

生　活　型: 多年生草本

形态特征: 秆成疏丛或单生,直立、无毛,高 40~90 cm,具 4~5 节。叶鞘光滑,有叶耳;叶舌截平,纸质;叶片灰绿色,质地较厚而硬,扁平或干后内卷。穗状花序顶生,直立;穗轴强壮,边缘具纤毛;小穗通常每节成对着生,或在花序基部和上部单生,稀为全部单生,粉绿色,成熟时变黄色;小穗含 5~10 小花,小穗轴节间光滑;颖锥形,由于小穗轴扭转,颖片不正覆盖小穗,而和外稃交叉,使外稃基部外露;第 1 颖短于第 2 颖;外稃被针形,光滑,顶端渐尖或形成芒状的小尖头;内稃和外稃等长,先端常稍 2 裂。花果期 6—8 月。

生境与分布: 生长于开阔平原、起伏的低山丘陵和河滩、盐渍化低地,常成片生长,形成群落;产天津北辰、滨海新区,较常见。金钟河、永定新河、新引河、独流减河、青静黄排水河、北排水河河滨岸带有分布。

禾本科 - 赖草属
Poaceae-*Leymus*

· **赖草** *Leymus secalinus*

别　　名： 冰草、厚穗赖草、滨草、老披碱

生 活 型： 多年生草本

形态特征： 秆单生或疏丛生，直立，高 0.4~1 m，上部密生柔毛，花序下部毛密，具 3~5 节。叶鞘无毛或幼时上部具纤毛。叶平展或干时内卷，上面及边缘粗糙或被柔毛，下面无毛，微粗糙或被微毛。穗状花序灰绿色，直立，长 10~15（24）cm；穗轴节间长 3~7mm，被柔毛；小穗（1）2~3（4）生于穗轴每节，长 1~2 cm，具 4~7(~10) 小花；小穗轴节间长 1~1.5 mm，贴生短毛；颖线状披针形，1~3 脉，先端芒尖，边缘被纤毛，第一颖长 0.8~1.3 cm，第二颖长 1.1~1.7 cm；外稃披针形，5 脉，被柔毛，先端芒尖长 1~3 mm，基盘被柔毛，第一外稃长 0.8~1.4 cm；内稃与外稃近等长，脊上半部被纤毛。花果期 6—10 月。

生境与分布： 生长于沙地、山坡、河堤、河滩草地，生境范围较广；产天津东丽区、滨海新区，较少见；金钟河、独流减河河滨岸带有分布。

禾本科 - 雀麦属
Poaceae-*Bromus*

· 雀麦 *Bromus japonicus*

别　　名：瞌睡草、野麦子
生 活 型：一年生草本
形态特征：秆直立，高 40~90 cm。叶鞘闭合，被柔毛；叶舌先端近圆形；叶片长 12~30 cm，宽 4~8 mm，两面生柔毛。圆锥花序舒展，长 20~30 cm，宽 5~10 cm，具 2~8 分枝，向下弯垂；分枝细，上部着生 1~4 枚小穗；小穗黄绿色，密生 7~11 小花，长 12~20 mm，宽约 5 mm；颖近等长，脊粗糙，边缘膜质，第一颖具 3~5 脉，第二颖具 7~9 脉；外稃椭圆形，草质，边缘膜质，顶端钝三角形，芒自先端下部伸出，长 5~10 mm，基部稍扁平，成熟后外弯；内稃两脊疏生细纤毛；小穗轴短棒状。颖果长 7~8 mm。花果期 5—7 月。
生境与分布：生长于山坡林缘、荒野路旁、河漫滩湿地；独流减河、龙凤河、青龙湾减河河滨岸带有分布。

禾本科 - 看麦娘属
Poaceae-Alopecurus

· **看麦娘** *Alopecurus aequalis*

别　　名：褐蕊看麦娘、棒棒草

生 活 型：一年生草本

形态特征：秆少数丛生，细瘦，光滑，节处常膝曲，高 15~40 cm。叶鞘光滑，短于节间；叶舌薄膜质；叶片扁平质薄。圆锥花序圆柱状，灰绿色；小穗椭圆形或卵状长圆形，两侧压扁，含 1 两性小花，脱节于颖之下；颖近等长，膜质，基部互相连合，具 3 脉，脊上有细纤毛，侧脉下部有短毛；外稃膜质，先端钝，与颖等长或稍长于颖，下部边缘互相连合，芒长 1.5~3.5 mm，约于稃体下部 1/4 处伸出，隐藏或稍外露；花药橙黄色。颖果长约 1 mm，种子细小。花果期 4—8 月。

生境与分布：生长于河边、水沟边、田边或沟旁潮湿地；产天津蓟州，偶见；淋河河滨岸带有分布。

禾本科 - 拂子茅属
Poaceae-Calamagrostis

· 假苇拂子茅 *Calamagrostis pseudophragmites*

别　　名： 假苇子

生 活 型： 多年生草本

形态特征： 秆高 40~100 cm。叶舌膜质，长圆形，顶端钝，容易破碎；叶片线形，扁平或内卷，长 10~30 cm，宽 1.5~5 mm，上面和边缘粗糙，下面较平滑。圆锥花序长圆状披针形，长 12~20 cm，成熟后灰黄色或带紫色，分枝簇生，直立，细弱，或稍糙涩；小穗长 5~7 mm；颖不等长，线状披针形，顶端长渐尖，第二颖较第一颖短，成熟后张开，有 1 脉或第二颖有 3 脉，主脉粗糙；外稃透明膜质，有 3 脉，基盘之长柔毛等长或稍短于小穗；芒自外稃顶端伸出，细弱，长 1~3 mm；内稃短于外稃。花果期 7—9 月。

生境与分布： 生长于山坡草地或河岸阴湿处；产天津蓟州、北辰新引河；沟河、新引河河滨岸带有分布。

禾本科 - 菵草属
Poaceae-*Beckmannia*

· **菵草** *Beckmannia syzigachne*

别　　名：菵米、水稗子
生 活 型：一年生草本
形态特征：秆直立，高 15~90 cm，具 2~4 节。叶鞘无毛，多长于节间；叶舌透明膜质，长 3~8 mm；叶片扁平，长 5~20 cm，宽 3~10 mm，粗糙或下面平滑。圆锥花序长 10~30 cm，分枝稀疏，直立或斜升；小穗扁平，圆形，灰绿色，常含 1 小花，长约 3 mm；颖草质，边缘质薄，白色，背部灰绿色，具淡色的横纹；外稃披针形，具 5 脉，常具伸出颖外之短尖头；花药黄色，长约 1mm。颖果黄褐色，长圆形，长约 1.5 mm，顶端具丛生短毛。花果期 4—10 月。
生境与分布：生长于水湿地、河岸湖旁、沼泽地、草甸及水田中；产天津蓟州、武清、西青、滨海新区，少见；龙凤河、青龙湾河、独流减河滨岸带有分布。

禾本科 - 獐毛属
Poaceae-*Aeluropus*

· 獐毛 *Aeluropus sinensis*

别　　名： 马牙头、马绊草

生 活 型： 多年生草本

形态特征： 通常有长匍匐枝，秆高 15~35 cm，径 1.5~2 mm，具多节，节上多少有柔毛。叶鞘通常长于节间或上部者短于节间，鞘口常有柔毛，其余部分常无毛或近基部有柔毛；叶舌截平，长约 0.5 mm；叶片无毛，通常扁平，长 3~6 cm，宽 3~6 mm。圆锥花序穗状，其上分枝密接而重叠，长 2~5 cm，宽 0.5~1.5 cm；小穗长 4~6 mm，有 4~6 小花，颖及外稃无毛，或仅背脊粗糙，第一颖长约 2 mm，第二颖长约 3 mm，第一外稃长约 3.5 mm。花果期 5—8 月。

生境与分布： 生长于潮湿沙地和盐碱土上，常成片生长，形成群落，为盐碱土的重要指示植物；产天津滨海新区，常见；蓟运河、永定新河、独流减河、北排水河、青静黄排水河、海河、子牙新河河滨岸带有分布。

禾本科 - 画眉草属

Poaceae-*Eragrostis*

· 大画眉草 *Eragrostis cilianensis*

别　　名: 星星草、西连画眉草

生 活 型: 一年生草本

形态特征: 新鲜时有令人不快的气味。秆粗壮,直立或基部倾斜上升,高 30~90 cm,节下有一圈腺体。叶鞘短于节间,具纵脉纹,脉上生有凹点状腺体,鞘口有柔毛;叶舌退化为一圈短毛,叶片扁平或内卷,边缘常具腺体。圆锥花序开展,长圆形或金字塔形,小枝和小穗柄上部有黄色腺体;小穗铅绿色或淡绿色或乳白色,含 5 至多数小花;颖片顶端尖,近于等长或第一颖稍短,具 1 脉,或第二颖稍长,具 3 脉,脊上常具腺点;外稃侧脉明显,顶端稍钝,脊上通常具腺点;内稃宿存,长约为外稃的 3/4,脊具微细纤毛。颖果圆球形。果期 7—10 月。

生境与分布: 生长于河堤、路边、山坡草地;产天津各地,为常见杂草;各河流水系河滨岸带均有分布。

禾本科 - 画眉草属
Poaceae-*Eragrostis*

· 小画眉草　*Eragrostis minor*

别　　名： 蚊蚊草

生 活 型： 一年生草本

形态特征： 秆纤细，丛生，15~50 cm，节下具有一圈腺体。叶鞘短于节间，脉上有腺体，鞘口有长毛；叶舌为一圈纤毛；叶片线形，扁平或干后内卷，背面光滑，主脉及边缘有腺体，上面粗糙或疏生柔毛。圆锥花序开展而疏松，卵状披针形或长圆形，每节一分枝，分枝开展或上举，腋间无毛；小穗柄具腺体；穗线状长圆形，深绿或淡绿色，含 3 至多数小花；颖片锐尖，近于等长或第中颖稍短，具 1 脉，脉上有腺点；第 Ⅰ 外稃广卵形，顶端圆钝，具 3 脉，侧脉明显并靠近边缘；内稃弯曲，脊上有纤毛，宿存。颖果红褐色，近球形。花果期 6—9 月。

生境与分布： 生长于河堤、田野、路边、撂荒地；产天津各地，为常见杂草；各河流水系河滨岸带均有分布。

禾本科 - 画眉草属
Poaceae-*Eragrostis*

· **知风草**　*Eragrostis ferruginea*

别　　名：梅氏画眉草

生 活 型：多年生草本

形态特征：秆丛生或单生，直立或基部膝曲，高 30~110 cm。叶鞘两侧极压扁，基部互相跨覆，均较节间为长。鞘口两侧密生柔毛，脉上生有腺体；叶舌退化为一圈短毛；叶片扁平或内卷，质地较坚韧，下面光滑，上面粗糙或近基部疏生长柔毛，最上面的一个叶片常超出于花序之上。圆锥花序开展，基部常为顶生叶鞘所包，每节生 1~3 个分枝，枝腋间无毛；小穗线状长圆形，含 7~12 小花，带黑紫色；颖卵状披针形，具 1 脉，顶端锐尖或渐尖；外稃卵形，顶端稍钝，侧脉明显而隆起；内稃短于外稃，脊具微小纤毛，宿存。颖果棕红色。花果期 8—10 月。

生境与分布：生长于河滩、河堤、路边、山坡草地；产天津蓟州、北辰新引河；淋河、泃河、州河、关东河、新引河河滨岸带有分布。

禾本科 - 隐子草属
Poaceae-Cleistogenes

· 北京隐子草 *Cleistogenes hancei*

别　　名： 朝阳隐子草

生 活 型： 多年生草本

形态特征： 具粗短的根状茎。秆直立，疏丛，较粗壮，高50~70cm，基部具向外斜伸的鳞芽，鳞片厚，坚硬。叶鞘短于节间，无毛或疏生疣毛；叶舌短，顶端裂成细毛；叶片线形，扁平或稍内卷，两面均粗糙，质硬，斜伸或平展，常呈绿色，有时稍带紫色。圆锥花序开展，具多数分枝，基部分枝斜向上；小穗灰绿色或带紫色，排列较密，含3~7小花；颖具3~5脉，侧脉常不明显，外稃披针形，有紫黑色斑点，外稃顶端具短芒；内稃等长或较长于外稃，顶端微凹，脊上粗糙。花果期7—11月。

生境与分布： 生长于山坡、路旁、林缘、灌丛；产天津蓟州，常见；泃河、黑水河、关东河河滨岸带有分布。

禾本科 - 千金子属
Poaceae-*Leptochloa*

· **双稃草** *Leptochloa fusca*

生活型： 多年生草本

形态特征： 秆直立或膝曲上升，有或无分枝，高 20~90 cm，无毛。叶鞘平滑无毛，疏松包住节间，且通常自基部节处以上与秆分离；叶舌透明膜质，长 3~6 mm；叶片常内卷，上面微粗糙，下面较平滑。圆锥花序长 15-25 cm，主轴与分枝均粗糙；分枝长 4~10 cm，上升；小穗灰绿色，近圆柱形，含 5~10 小花；小穗轴节间长约 0.5 mm，两边疏生短毛；颖膜质，具 1 脉，第一颖比第二颖长短；外稃具 3 脉，中脉从齿间延伸成长约 1 mm 的短芒，基盘两侧有稀疏柔毛；内稃略短于外稃，脊上部呈短纤毛状。颖果长约 2 mm。花果期 6—9 月。

生境与分布： 生长于沟边湿地；产天津各地，较少见；州河、永定新河、金钟河、独流减河、南运河、青龙湾河河滨岸带有分布。

禾本科 - 穆属
Poaceae-*Eleusine*

· 牛筋草 *Eleusine indica*

别　　名: 蟋蟀草

生 活 型: 一年生草本

形态特征: 须根较细而稠密。秆丛生,直立或基部膝曲,高 10~90 cm。叶鞘压扁而具脊,无毛或疏生疣毛,口部有时具柔毛;叶舌长约 1 mm;叶片扁平或卷折,长达 15 cm,宽 3~5 mm,无毛或上面常具疣基柔毛。穗状花序长 3~10 cm,2 至数个呈指状簇生于秆顶,有时其中 1 枚可单生于其他花序之下;小穗含 3~6 花;颖披针形,具脊,脊上粗糙,第一颖长 1.5~2 mm,第二颖长 2~3 mm;第一外稃长 3~4 mm,具脊,脊上具狭翼;内稃短于外稃,脊上具小纤毛。囊果卵形,有明显的波状皱纹,包于疏松的果皮内。花果期 6—10 月。

生境与分布: 适应性强,喜阳光,耐干旱,结实多且易散落,自然扩散能力很强,常野生于田边、路旁、草丛;产天津各地,是最常见的杂草之一;各河流水系河滨岸带均有分布。

禾本科 - 虎尾草属

Poaceae-*Chloris*

· **虎尾草** *Chloris virgata*

别　　名： 棒槌草、刷子头、盘草

生 活 型： 一年生草本

形态特征： 秆直立或基部膝曲，高 12~75 cm，光滑无毛。叶鞘背部具脊，包卷松弛，无毛；叶舌长约 1 mm，无毛或具纤毛；叶片线形，两面无毛或边缘及上面粗糙。穗状花序 5~10 枚，指状着生于秆顶，常直立而并拢成毛刷状，有时包藏于顶叶之膨胀叶鞘中，成熟时常带紫色；小穗无柄，颖膜质，1 脉；第一颖长约 1.8 mm，第二颖等长或略短于小穗，中脉延伸成短的小尖头；第一小花两性，外稃纸质，3 脉，芒自背部顶端稍下方伸出，长 5~15 mm；第二小花不孕，仅存外稃，芒自背部边缘稍下方伸出，长 4~8 mm。颖果纺锤形，约 2 mm。花果期 6—10 月。

生境与分布： 生长于路边、荒野、河岸沙地、土墙头或屋顶上；产天津各地，为常见杂草之一；各河流水系河滨岸带均有分布。

图源:https://swbiodiversity.org/

禾本科 - 野牛草属
Poaceae-Buchloe

· 野牛草　*Buchloe dactyloides*

别　　名： 水牛草

生 活 型： 多年生低矮草本

形态特征： 具匍匐茎。株纤细，高 5~25 cm。叶鞘疏生柔毛；叶舌短小，具细柔毛；叶片线形，粗糙，两面疏生白柔毛。雌雄同株或异株，雄穗状花序 2~3 枚，排列成总状；雄花序成球形，为上部有些膨大的叶鞘所包裹；雄性小穗含 2 小花，无柄，成二列紧密覆瓦状排列于穗之一侧；颖较宽；内外稃均长于颖；雌性小穗含 1 小花，常 4~5 枚簇生成头状花序；第一颖位于花序内侧，具小尖头；第二颖位于花序外侧，先端有 3 个绿色裂片，边缘内卷；外稃厚膜质背腹压扁，具 3 脉；内稃约与外稃等长，下部宽广而上部卷折，具 2 脉。花果期 5—9 月。

生境与分布： 原产北美洲，我国引种，常于公园、绿地、花坛作草皮栽培。本种生长快，耐干旱，耐践踏，在沿州河、潮白新河、永定新河、金钟河等河流的公园绿地有种植，后成野生状态，其他河流偶见。

禾本科 - 米草属

Poaceae-*Spartina*

· 互花米草 *Spartina alterniflora*

别　　名：大米草

生 活 型：多年生草本

形态特征：根系发达，常密布于地下 30 cm 深的土层内，有时可深达 50~100 cm。植株茎秆坚韧、直立，高可达 1~3 m，直径在 1 cm 以上。茎节具叶鞘，叶腋有腋芽。叶互生，呈长披针形，长可达 90 cm，宽 1.5~2 cm，具盐腺，根吸收的盐分大都由盐腺排出体外，因而叶表面往往有白色粉状的盐霜出现。圆锥花序长 20~45 cm，具 10~20 个穗形总状花序，有 16~24 个小穗，小穗侧扁，长约 1 cm；两性花；子房平滑，两柱头很长，呈白色羽毛状；雄蕊 3 个，花药成熟时纵向开裂，花粉黄色。颖果长 0.8~1.5 cm，胚呈浅绿色或蜡黄色。花果期 7—10 月。

生境与分布：生长于河口、海湾等沿海滩涂的潮间带及受潮汐影响的河滩上，并形成密集的单物种群落；原产北美洲，1979 年被引入中国，属外来入侵植物（《中国外来入侵植物志》，马金双，2020 年），被列入《重点管理外来入侵物种名录》（2023 年）；滨海新区永定新河以南河口、滩涂有分布。

禾本科 - 求米草属
Poaceae-*Oplismenus*

· 求米草 *Oplismenus undulatifolius*

别　　名：皱叶茅

生活型：一年生草本

形态特征：秆较细弱，基部横匍地面，并于节处生根，向上斜升部分高 20~50 cm。叶鞘遍布有疣基的短刺毛或仅边缘具纤毛；叶舌膜质，短小；叶片扁平，披针形，具横脉，通常皱而不平，具细毛。花序主轴长 2~8 cm；小穗簇生或近顶端者孪生，基部小穗簇可伸长达 1 cm；小穗卵圆形；颖草质，第一颖具 3 脉，长约为小穗之半，顶端具长达 1 cm 的硬直芒；第二颖具 5 脉，较长于第一颖，顶端具长约 5 mm 的硬直芒；第一外稃草质，与小穗等长，具 7~9 脉，顶端无芒或具短尖头；第二外稃革质，结实时变硬，边缘包着同质的内稃。花果期 7—11 月。

生境与分布：生长于浅山林下或阴湿沟谷中；产天津蓟州山区；黑水河、泃河河滨岸带有分布。

禾本科 - 稗属
Poaceae-*Echinochloa*

· **稗** *Echinochloa crus- galli*

别　　名： 旱稗

生 活 型： 一年生草本

形态特征： 秆高 50~150 cm，基部倾斜或膝曲。叶鞘疏松裹秆，下部者长于而上部者短于节间；叶舌缺；叶片扁平，线形，无毛，边缘粗糙。圆锥花序直立；主轴具棱，粗糙或具疣基长刺毛；分枝斜上举或贴向主轴；小穗卵形，脉上密被疣基刺毛，具短柄或近无柄，密集在穗轴的一侧；第一颖为小穗的 1/3~1/2 长，具 3~5 脉，顶端尖；第二颖与小穗等长，顶端渐尖或具小尖头，具 5 脉；第一小花的外稃草质，上部具 7 脉，顶端延伸成一粗壮的芒，内稃薄膜质，狭窄，具 2 脊；第二外稃椭圆形，平滑，光亮，成熟后变硬，顶端具小尖头。花果期 7—10 月。

生境与分布： 生长于沼泽地、河沟边及水稻田中；产天津各地，为常见田间杂草；各河流水系河滨岸带均有分布。

禾本科 - 稗属
Poaceae-Echinochloa

· 长芒稗 *Echinochloa caudata*

别　　名: 长芒野稗、长尾稗、凤稗、红毛稗

生 活 型: 一年生草本

形态特征: 秆高 1~2 m。叶鞘无毛或常有疣基毛(或毛脱落仅留疣基),或仅有粗糙毛或仅边缘有毛;叶舌缺;叶片线形,两面无毛,边缘增厚而粗糙。圆锥花序稍下垂;主轴粗糙,具棱,疏被疣基长毛;分枝密集,常再分小枝;小穗卵状椭圆形,常带紫色,脉上具硬刺毛,有时疏生疣基毛;第一颖三角形,长为小穗的 1/3~2/5,先端尖,具三脉;第二颖与小穗等长,顶端短芒,具 5 脉;第一外稃草质,顶端具长芒,具 5 脉,脉上疏生刺毛,内稃膜质,先端具细毛,边缘具细睫毛;第二外稃革质,光亮,边缘包着同质的内稃。花果期 7—10 月。

生境与分布: 生长于沼泽地、河沟边及水稻田中;产天津各地,为常见田间杂草;各河流水系河滨岸带均有分布。

禾本科 - 稗属

Poaceae-Echinochloa

· 西来稗 *Echinochloa crus-galli var. zelayensis*

别　　名： 锡兰稗、稗子

生 活 型： 一年生草本

形态特征： 秆高 50~75 cm；叶片长 5~20 mm，宽 4~12 mm。圆锥花序直立，长 11~19 cm，分枝上不再分枝；小穗卵状椭圆形，长 3~4 mm，顶端具小尖头而无芒，脉上无疣基毛，但疏生硬刺毛。叶鞘光滑无毛；叶片线形，长 5~20 cm，宽 4~9 mm，无毛，边缘粗糙。颖及第一外稃上具较少的毛，脉上亦无疣毛。其与原种主要区别为分枝单纯（不具小枝），小穗无疣毛和无芒。花果期 6—8 月。

生境与分布： 生长于水边或稻田中；产天津各地，为常见田间杂草。各河流水系河滨岸带均有分布。

本种与相似种稗的区别： 长芒稗芒又长又稠密，稗之芒则稀疏，而西来稗则无芒；本种的花序分枝上不再分枝，而无芒稗的花序分枝上还有小分枝。

禾本科 - 稗属
Poaceae-Echinochloa

· 光头稗 *Echinochloa colona*

别　　名：芒稷、扒草、穇草
生 活 型：一年生草本
形态特征：秆直立，高 10~60 cm。叶鞘压扁而背具脊，无毛；叶舌缺；叶片扁平，线形，无毛，边缘稍粗糙。圆锥花序狭窄，主轴具棱，通常无疣基长毛，棱边上粗糙；花序分枝长 1~2 cm，排列稀疏，直立上升或贴向主轴，穗轴无疣基长毛或仅基部被 1~2 根疣基长毛；小穗卵圆形，具小硬毛，无芒，较规则地成 4 行排列于穗轴的一侧；第一颖三角形，长约为小穗的 1/2，具 3 脉；第二颖与第一外稃等长而同形，顶端具小尖头，具 5~7 脉，间脉常不达基部；第一小花常中性，其外稃具 7 脉，内稃膜质，稍短于外稃，脊上被短纤毛；第二外稃椭圆形，平滑，光亮，边缘内卷，包着同质的内稃。花果期 6—10 月。
生境与分布：生长于田野、园圃、路边湿润土地上，有时生长于水田中；产天津各地，较常见；独流减河、海河、青静黄排水河、北排水河河滨岸带有分布。

禾本科－黍属
Poaceae-*Panicum*

· **细柄黍** *Panicum sumatrense*

别　　名： 短柄黍、糠稷、细柄稷

生 活 型： 一年生簇生或单生草本

形态特征： 秆直立或基部稍膝曲，高 20~60 cm。叶鞘松弛，无毛，压扁，下部的常长于节间；叶舌膜质，截形，顶端被睫毛；叶片线形，质较柔软，顶端渐尖，基部圆钝，两面无毛。圆锥花序开展，基部常为顶生叶鞘所包，花序分枝纤细，上举或开展；小穗卵状长圆形，顶端尖，有柄，顶端膨大；第一颖宽卵形，顶端尖，长约为小穗的 1/3，具 3~5脉，或侧脉不明显；第二颖长卵形，顶端喙尖，具 11~13 脉；第一外稃与第二颖同形，具 9~11 脉，内稃薄膜质，具 2 脊，狭窄；第二外稃狭长圆形，表面平滑。花果期 7—9 月。

生境与分布： 生长于河边、河谷、林中溪边潮湿草丛中、路边、路边草甸、丘陵灌丛、山坡、山坡路边；产天津蓟州、北辰，少见；沟河、关东河、新引河河滨岸带有分布。

禾本科 - 黍属
Poaceae-*Panicum*

· 糠 稷 *Panicum bisulcatum*

别　　名：野稷、野糜子
生 活 型：一年生草本
形态特征：秆纤细，较坚硬，高 0.5~1 m，直立或基部伏地，节上可生根。叶鞘松弛，边缘被纤毛；叶舌膜质，顶端具纤毛；叶片质薄，狭披针形，顶端渐尖，基部近圆形，几无毛。圆锥花序长 15~30 cm，分枝纤细，斜举或平展，无毛或粗糙；小穗椭圆形，长 2~2.5 mm，绿色或有时带紫色，具细柄；第一颖近三角形，长约为小穗的 1/2，具 1~3 脉，基部略微包卷小穗；第二颖与第一外稃同形并且等长，均具 5 脉，外被细毛或后脱落；第一内稃缺；第二外稃椭圆形，顶端尖，表面平滑，光亮，成熟时黑褐色。花果期 8—10 月。
生境与分布：生长于山坡、草丛、荒野、路旁及田野；产天津各地；泃河、蓟运河、新引河、独流减河河滨岸带有分布。

禾本科 - 野黍属
Poaceae-*Eriochloa*

· **野 黍** *Eriochloa villosa*

别　　名：拉拉草、唤猪草
生 活 型：一年生草本
形态特征：秆直立，基部分枝，稍倾斜，高 30~100 cm。叶鞘无毛或有毛或鞘缘一侧有毛，松弛包茎，节具髭毛；叶舌具纤毛；叶片扁平，表面具微毛，背面光滑，边缘粗糙。圆锥花序狭长，长 7~15 cm，由 4~8 枚总状花序组成；总状花序长 1.5~45 cm，密生柔毛，常排列于主轴一侧；小穗卵状椭圆形；小穗柄极短，密生长柔毛；第一颖微小，短于或长于基盘；第二颖与第一外稃均为膜质，等长于小穗，均被细毛，前者具 5~7 脉，后者具 5 脉；第二外稃革质，稍短于小穗，顶端钝，具细点状皱纹，并以腹面对向穗轴，边缘卷抱内稃。花果期 7—10 月。
生境与分布：生长于田野、山坡和近水潮湿处；产天津蓟州、北辰，较少见；淋河、州河、新引河河滨岸带有分布。

禾本科 - 马唐属
Poaceae-*Digitaria*

· 马唐 *Digitaria sanguinalis*

别　　名：蹲倒驴、抓地龙

生 活 型：一年生草本

形态特征：秆基部开展或倾斜膝曲上升，高 10~80 cm，无毛或节生柔毛。叶鞘疏松，多少疏毛有疣基的软毛；叶片线状披针形，基部圆形，两面疏生软毛或无毛，边缘较厚，微粗糙。总状花序 3~10 个，上部者互生或呈指状排列于茎顶，基部者近于轮生；小穗披针形，通常成对着生，一有长柄，一有极短的柄或近无柄；第一颖小，短三角形，无脉；第二颖披针形，第一外稃等长于小穗，中脉平滑，两侧的脉间距离较宽；第二外稃近革质，灰绿色，顶端渐尖，等长于第一外稃。谷粒成熟后灰白色或铅绿色。花果期 6—9 月。

生境与分布：生长于田埂、路边、草地；产天津各地，为常见杂草，常与毛马唐、止血马唐混生；各河流水系河滨岸带均有分布。

禾本科 - 马唐属
Poaceae-*Digitaria*

· **毛马唐** *Digitaria ciliaris var. chrysoblephara*

别　　名: 黄绦马唐

生 活 型: 一年生草本

形态特征: 秆基部倾卧, 着土后节易生根, 具分枝, 高 30~100 cm, 叶鞘多短于其节间, 常具柔毛; 叶舌膜质, 叶片线状披针形, 两面多少生柔毛, 边缘微粗糙。总状花序 4~10 枚, 呈指状排列于秆顶; 中肋白色, 两侧之绿色翼缘细刺状, 粗糙; 小穗披针形, 孪生于穗轴一侧; 小穗柄三棱形, 粗糙; 第一颖小, 三角形; 第二颖为小穗的 1/2~3/4, 狭窄, 具不明显的 3 脉间及边缘生柔毛; 第一外稃与小穗等长, 具 5~7 脉, 中脉两侧的脉间较宽而无毛, 间脉与边脉间具柔毛及疣基刚毛, 成熟后, 两种毛均平展张开; 第二外稃淡绿色, 等长于小穗。花果期 6—10 月。

生境与分布: 生长于路边、田野; 产天津各地, 为常见田间杂草, 常与马唐、止血马唐混生; 各河流水系河滨岸带均有分布。

禾本科 - 马唐属
Poaceae-*Digitaria*

· 止血马唐　*Digitaria ischaemum*

别　　名： 草根草、鸡爪草

生 活 型： 一年生草本

形态特征： 秆直立或基部倾斜，高 15~40 cm，下部常有毛。叶鞘具脊，无毛或疏生柔毛；叶舌长约 0.6 mm；叶片扁平，线状披针形，顶端渐尖，基部近圆形，多少生长柔毛。总状花序长 2~9 cm，具白色中肋，两侧翼缘粗糙；小穗长 2~2.2 mm，宽约 1 mm，2~3 枚着生于各节；第一颖微小或几缺，透明膜质，无脉；第二颖与小穗等长或稍短，较狭窄，具 3~5 脉，脉间及边缘具棒状柔毛；第一外稃具 5 脉，与小穗等长，脉间及边缘具细柱状棒毛与柔毛。第二外稃及谷粒成熟后黑褐色或紫褐色，有光泽。花果期 6—11 月。

生境与分布： 生长于湿润的田野、河边、路旁和沙地，喜潮湿肥沃的微酸性至中性土壤；产天津各地，为常见杂草，常与马唐、毛马唐等混生；州河、泃河、永定新河、潮白新河、海河河滨岸带有分布。

禾本科 - 马唐属
Poaceae-*Digitaria*

· 紫马唐 *Digitaria violascens*

别　　名： 五指草

生 活 型： 一年生草本

形态特征： 秆疏丛生，高 20~60 cm，基部倾斜，具分枝，无毛。叶多集生于基部；叶鞘短于节间，无毛或生柔毛；叶片线状披针形，质地较软，扁平，粗糙，基部圆形，无毛或上面基部及鞘口生柔毛。总状花序 4~10 枚呈指状排列；穗轴宽 0.5~0.8 mm，中肋白色，较狭于两侧绿色部分；小穗椭圆形，小穗柄稍粗糙；第一颖缺；第二颖稍短于小穗，具 3 脉，脉间及边缘生柔毛；第一外稃与小穗等长，除 3 条明显的脉外，间脉不甚明显，脉间被细小灰色绒毛或没毛，第二外稃及谷粒成熟后深棕色或黑紫色。花果期 7—10 月。

生境与分布： 生长于山坡草地、路边、荒野；产天津蓟州、宝坻，有时与止血马唐混生，植株比止血马唐高大；淋河、泃河、关东河、潮白新河、永定新河河滨岸带有分布。

禾本科 – 鼠尾粟属
Poaceae-*Sporobolus*

· **具枕鼠尾粟** *Sporobolus pulvinatus*

别　名： 轮生鼠尾粟
生 活 型： 一年生草本
形态特征： 秆丛生，基部倾卧上升或直立，高 15~30 cm，有时具分枝。叶鞘除基部者外短于节间，无毛或具疏疣毛，其毛在鞘口处较长；叶舌干膜质，纤毛状；叶片线状披针形，顶端尖或渐尖，扁平，边缘有时呈波皱状，上面及边缘具疏疣毛。圆锥花序疏松开展，卵圆形或金字塔形，分枝近于轮生，在基部的一节可多至 10 枚，平展，其中部以上密生小枝或小穗；第一颖无脉微小，第二颖具 1 脉，顶端尖，与小穗等长；外稃等长于小穗，具 1 明显中脉；内稃宽，与外稃等长，成熟后易 2 纵裂。囊果近于圆球形，成熟后红褐色。花果期 7—8 月。
生境与分布： 生长于河堤、坡地、路边；原产美国，天津引种，现为野生；独流减河河堤、河滩地有较多分布，永定新河、海河河滨岸带偶见。

禾本科 - 狗尾草属

Poaceae-*Setaria*

· 狗尾草 *Setaria viridis*

别　　名：莠

生 活 型：一年生草本

形态特征：根为须状，高大植株具支持根。秆直立或基部膝曲。叶鞘松弛，无毛或疏具柔毛或疣毛；叶舌极短；叶片扁平，长三角状狭披针形或线状披针形。圆锥花序紧密，呈圆柱状或基部稍疏离；小穗2~5个簇生于主轴上或更多的小穗着生在短小枝上，椭圆形，先端钝；第二颖几与小穗等长，椭圆形；第一外稃与小穗等长，先端钝，其内稃短小狭窄；第二外稃椭圆形，顶端钝，具细点状皱纹，边缘内卷，狭窄；鳞被楔形，顶端微凹；花柱基分离；叶上下表皮脉间均为微波纹或无波纹的、壁较薄的长细胞。颖果灰白色。花果期5—10月。

生境与分布：生长于河滩、荒地、路边；产天津各地，为极为常见的田间杂草之一；各河流水系河滨岸带均有分布。

禾本科 - 狗尾草属
Poaceae-*Setaria*

· **大狗尾草** *Setaria faberi*

别　　名：长狗尾草、谷莠子

生 活 型：一年生草本

形态特征：通常具支柱根。秆粗壮而高大、直立或基部膝曲，高可达 120 cm，径光滑无毛。叶鞘松弛，边缘具细纤毛，部分基部叶鞘边缘膜质无毛；叶舌具密集的长叶片线状披针形，无毛或上面具较细疣毛，少数下面具细疣毛，先端渐尖细长，基部钝圆或渐窄狭几呈柄状，边缘具细锯齿。圆锥花序紧缩呈圆柱状，通常垂头，主轴具较密长柔毛；小穗椭圆形，刚毛通常绿色，少具浅褐紫色，粗糙，花柱基部分离。颖果椭圆形，顶端尖。叶表皮细胞同莩草类型。花果期 7—10 月。

生境与分布：生长于荒地、路边、河滩地；产天津各地，为常见的田间杂草之一，通常与狗尾草混生；各河流水系河滨岸带均有分布。

禾本科 - 狗尾草属
Poaceae-*Setaria*

· 金色狗尾草 *Setaria pumila*

别　　名: 牛尾草、黄狗尾草、黄安草

生 活 型: 一年生草本

形态特征: 秆通常直立，基部有时倾斜，高 20~90 cm。叶片基部钝圆，顶端长渐尖，无毛，下面光滑，上面粗糙；叶舌毛状。圆锥花序紧密，呈圆柱状或狭圆锥状，直立，主轴被微毛；刚毛每束 10 条左右，金黄色或稍带褐色；小穗长 3~4 mm，通常每簇中只 1 个小穗发育；第一颖顶端尖，具 3 脉，第二颖长顶端钝，具 5~7 脉；第一小花雄性或中性，第一外稃与小穗等长或稍短，具 5 脉；第二小花两性，外稃革质，等于第一外稃，顶端尖，成熟时背部极隆起，具明显的横皱纹。花果期 6—10 月。

生境与分布: 生长于田间、山野、水边、路旁；产天津各地，常与狗尾草混生并成片生长，形成群落，为常见的田间杂草；各河流水系河滨岸带均有分布。

禾本科 - 狼尾草属
Poaceae-*Pennisetum*

· 狼尾草 *Pennisetum alopecuroides*

别　　名：狼茅、芦秆莛、小芒草
生 活 型：多年生草本
形态特征：秆丛生，高 30~100 cm，花序以下常密生柔毛。叶鞘光滑，压扁有脊；叶舌短小，长不及 0.5 mm；叶片长 15~50 cm，宽 2~6 mm，通常内卷。圆锥花序穗状，长 5~20 cm，除刚毛外宽 1~1.5 cm，主轴密生柔毛，直立或弯曲；刚毛状小枝常为黑紫色，长 1~1.5 cm；小穗长 6~8 mm，通常单生于由多数刚毛状小枝组成的总苞内，成熟后和小穗一同脱落；第一颖微小，第二颖长为小穗的 1/2~1/3；第一外稃与小穗等长，边缘常包卷第二外稃；第二外稃软骨质，边缘薄，卷抱内稃。花果期 6—10 月。
生境与分布：生长于沟边、山坡；产天津蓟州、北辰新引河，常成片生长，形成群落；州河、泃河、新引河河滨岸带有分布。

禾本科 - 芒属
Poaceae-*Miscanthus*

· **荻** *Miscanthus sacchariflorus*

别　名： 野荻子、红紫

生 活 型： 多年生高大草本

形态特征： 具发达被鳞片的长匍匐根状茎，节处生有粗根与幼芽。秆高 0.6~2 m，具 10 多节，节生柔毛。叶线形，宽 10~12 mm。圆锥花序扇形，长 20~30 cm；总状花序长 10~20 cm；穗轴不断落，节间和小穗柄都无毛；小穗成对生于各节，一柄长，一柄短，均结实且同形，长 5~6 mm，含 2 小花，仅第 2 小花结实；基盘的丝状毛约为小穗的两倍；第一颖两侧有脊，脊间有 1 条不明显的脉或无脉，背部有长为小穗两倍以上的长柔毛；无芒或有芒而不露出小穗之外；雄蕊 3；柱头自小穗两侧伸出。花果期 8—10 月。

生境与分布： 生长于山坡草地、河岸湿地、沟边；产天津蓟州、武清、宁河、北辰，较少见；淋河、泃河、州河、青龙湾河、新引河河滨岸带有分布。

禾本科 - 芒属

Poaceae-*Miscanthus*

· 芒 *Miscanthus sinensis*

别　　名：高山芒、芝草

生 活 型：多年生草本

形态特征：秆高 1~2 m。叶线形，宽 6~10 mm。圆锥花序分枝铺成扇形，长 15~40 cm，总状花序长 10~30 cm；穗轴不断落，节间与小穗柄都无毛；小穗成对生长于各节，一柄长、一柄短，均结实且同形，长 5~7 mm，含 2 小花，只第 2 小花结实，基盘毛稍短或等长于小穗；第一颖两侧有脊，脊间 2~3 脉，背部无毛；芒自第二外稃裂齿间伸出，膝曲；雄蕊 3；柱头自小穗两侧伸出。颖果长圆形，暗紫色。花果期 7—10 月。

生境与分布：生长于山坡草地、荒芜田野、沟边、渠埂、河边湿地；产天津蓟州，少见；泃河黄崖关段河滨岸带有分布。

本种与相似种荻的区别：荻小穗无芒，或第二外稃有一极短的芒，基盘上的毛长为小穗的 2 倍，而芒的小穗有芒，芒长 8~10 mm，基盘上的毛较小穗短或等长。

禾本科 - 白茅属
Poaceae-*Imperata*

· 白茅 *Imperata cylindrica*

别　　名：茅根、甜根

生 活 型：多年生草本

形态特征：具粗壮的长根状茎，高 30~80 cm，具 1~3 节，节无毛。叶鞘聚集于秆基，质地较厚，老后破碎呈纤维状；分蘖叶片扁平，质地较薄；秆生叶片窄线形，通常内卷，顶端渐尖呈刺状，下部渐窄，或具柄，质硬，被有白粉，基部上面具柔毛。圆锥花序稠密，长 20 cm，宽达 3 cm，小穗基盘具长 12~16 mm 的丝状柔毛；两颖近相等，具 5~9 脉，顶端渐尖或稍钝，常具纤毛，第一外稃卵状披针形，透明膜质，无脉，顶端尖或齿裂，第二外稃与其内稃近相等，长约为颖之半，卵圆形，顶端具齿裂及纤毛。颖果椭圆形。花果期 5—9 月。

生境与分布：生长于路边草地、河滩沙地；产天津各地，较常见，各河流水系河滨岸带均有分布；本种适应性强，生态幅度广，是森林砍伐或火烧迹地的先锋植物，也是空旷地、果园地、撂荒地以及田坎、堤岸和路边的极常见杂草。

禾本科 - 大油芒属
Poaceae-*Spodiopogon*

· **大油芒** *Spodiopogon sibiricus*

别　　名： 大荻、山黄管
生 活 型： 多年生较高大草本
形态特征： 秆直立，高 90~110 cm。叶舌干膜质，截形；叶片宽线形，无毛或有密柔毛。圆锥花序长圆形，疏散开展，长 15~20 cm，宽 13 cm，主轴无毛或分枝腋处有髯毛；分枝近于轮生，下部长，裸露，上部有 1~2 小枝；小枝有 24 节，节上有髯毛，每节有 2 小穗，一无柄，一有柄，均为两性，含 2 小花，第一小花雄性；外稃几与小穗等长，卵状披针形，有 1~3 脉内稃稍短；第二小花两性，外稃稍短于小穗，顶端深裂达稃体长度的 2/3，裂齿间伸出 1 芒，中部膝曲，芒柱扭转；内稃稍短于外稃。花果期 7—10 月。
生境与分布： 喜向阳的石质山坡或干燥的沟谷底部，通常生长于山坡、路旁林荫之下；产天津蓟州山区，少见；八仙山外黑水河河滨岸带有分布。

禾本科 - 牛鞭草属
Poaceae-*Hemarthria*

· **牛鞭草** *Hemarthria sibirica*

别　　名：牛仔草、铁马鞭

生 活 型：多年生草本

形态特征：有长而横生的根状茎。秆高约 1 m。叶舌有一圈短小纤毛；叶片线形，顶端细长渐尖，长达 20 cm，宽 4~6 mm。总状花序长达 10 cm，粗壮多少弯曲，常单生于茎顶或少数腋生；穗轴节间约和无柄小穗等长，小穗轴节间和小穗柄愈合成凹穴；小穗含 1 花，成对着生，一有柄，一无柄；无柄小穗长 6~8 mm，有明显的基盘，嵌生于穗轴的凹穴内；第一颖顶端以下多少紧缩；第二颖多少和穗轴贴生；第一外稃为透明膜质，空虚；第二外稃也是透明膜质，无芒，有一很小的内稃；有柄小穗长渐尖。花果期 7—9 月。

生境与分布：生长于田间湿地、河堤、路边、沟旁、潮湿草地，常成片生长形成群落；产天津蓟州、宁河、武清、北辰，较常见；州河、淋河、潮白新河、永定新河河滨岸带有分布。

禾本科 - 荩草属
Poaceae-Arthraxon

· **矛叶荩草** *Arthraxon prionodes*

别　　名：茅叶荩草、钩齿荩草、柔叶荩草

生 活 型：多年生草本

形态特征：秆高 45~60 cm，直立或基部平卧，易生气根。叶鞘无毛或生疣毛；叶披针形或卵状披针形，顶端渐尖，基部心形，抱茎。总状花序 2 至数个簇生于茎顶，呈指状排列，很少单生；穗轴节间有白色纤毛，长为无柄小穗的 1/2~3/4；无柄小穗长 6~7 mm；第一颖淡绿色，或顶端带紫色，边脉有锯齿状疣基钩毛，第二颖与第一颖等长，质较薄；两稃透明膜质，第二外稃背面近基部有一膝曲的芒，芒长 14 mm；有柄小穗长 4.5~5.5 mm；第一颖草质，其脊与钩毛都不如无柄小穗的明显；第二颖较薄，与第一颖等长；外稃与内稃都透明膜质，无芒。花果期 7—10 月。

生境与分布：生长于沟边石缝阴湿处；产天津蓟州区下营等山地，较少见；泃河、关东河、黑水河河滨岸带有分布。

禾本科 - 荩草属

Poaceae-*Arthraxon*

· 荩草　*Arthraxon hispidus*

别　　名： 绿竹、马耳草

生 活 型： 一年生草本

形态特征： 秆细弱，无毛，基部倾斜，高 30~45 cm。叶鞘短于节间有短硬疣毛；叶片卵状披针形，基部心形，抱茎，下部边缘具纤毛，余均无毛。总状花序细弱，2~10 个呈指状排列或簇生于茎顶，穗轴节间无毛；有柄小穗退化只剩短柄，卵状披针形，灰绿色或带紫色；第一颖草质，具 7~9 脉，脉上粗糙；第 2 颖近膜质，具 3 脉，2 侧脉不明显；第一外稃透明膜质，长圆形，顶端尖；第二外稃与第外稃等长，透明膜质，基部质较硬，近基部伸出一膝曲的芒；芒长 6~9 mm。颖果长圆形。花果期 8—10 月。

生境与分布： 生长于山坡草地或阴湿地；产天津蓟州区盘山、小港、下营等山地，较少见；泃河、黑水河、关东河河滨岸带有分布。

禾本科 - 孔颖草属
Poaceae-Bothriochloa

· 白羊草　*Bothriochloa ischaemum*

别　　名： 大王马针草、孔颖草
生 活 型： 多年生草本
形态特征： 秆丛生，高 25~80 cm。叶鞘无毛；叶片两面疏生柔疣毛或下面无毛。总状花序，4 至多个在茎顶排列成伞房状或指状，细弱，灰绿色或带紫色；穗轴节间和小穗柄的中央具纵沟，两侧密生白色长丝状毛；无柄小穗两性，内含一两性花和一退化花；第一颖革质，具 5~7 脉，下部常具丝状柔毛，边缘内卷；第二颖船形，脊上粗糙，中部以上具纤毛；第一外稃长圆状披针形；第二外稃狭窄，线形，顶端延伸成一膝曲的芒，芒长 10~15 mm；有柄小穗雄性，无芒；第一颖背部无毛，具 9 脉，第二颖具 5 脉，具纤毛。花果期 6—9 月。
生境与分布： 生长于山坡草地或瘠薄干燥地区；产天津各地，常见；各河流水系河滨岸带均有分布。白羊草为低山阳坡优势种植物，分布遍于全国，为重要的水土保持植物、优良的牧草。

禾本科 - 菅属
Poaceae-*Themeda*

· 黄背草　*Themeda triandra*

别　　名：黄背茅、菅草
生 活 型：多年生草本
形态特征：秆高约60 cm，圆形，压扁或具棱，光滑无毛，具光泽，黄白色或褐色，实心，髓白色，有时节处被白粉。叶鞘紧裹秆，背部具脊，通常生疣基硬毛；叶舌坚纸质，顶端钝圆，有睫毛；叶片线形，基部通常近圆形，顶部渐尖，中脉显著，两面无毛或疏生柔毛，背面常粉白色，边缘略卷曲，粗糙。大型假圆锥花序多回复出，由具佛焰苞的总状花序组成，佛焰苞长2~3 cm；总状花序由7小穗组成；下部总苞状小穗对轮生于一平面，无柄，雄性，长圆状披针形。颖果长圆形。有柄小穗形似总苞状小穗，但较短，雄性或中性。花果期6—10月。
生境与分布：在海拔1 000 m以下的干燥山坡普遍生长，为低山区阳坡优势植物，常与白羊草、酸枣、荆条等构成典型群落；产天津蓟州；泃河、黑水河河滨岸带有分布。

莎草科 - 荸荠属
Cyperaceae-*Eleocharis*

· 具槽秆荸荠 *Eleocharis valleculosa*

别　　名： 具刚毛荸荠、槽秆针蔺、针蔺、槽秆荸荠

生 活 型： 多年生草本

形态特征： 具匍匐根状茎。秆丛生或单生，高 6~50 cm，有少数锐肋条。无叶片，在秆的基部有 1~2 枚膜质长叶鞘。小穗矩圆状卵形或条状披针形，长 7~20 mm，宽 2.5~3.5 mm，具多数密生的花；最下面 1 枚鳞片抱小穗基部 1/2 周以上，除基部二鳞片内无花外，其余鳞片内均有花，抱小穗基部约半周，鳞片螺旋状排列，松散，矩圆形、椭圆形、卵形或矩圆状卵形，顶端钝，背面淡绿色或苍白色，两侧淡血红色，有 1 条脉；两侧血红色，边缘干膜质，下位刚毛 4 条，与小坚果近等长，淡褐色，有较密的倒刺；小坚果倒卵圆形，双凸状，淡黄色。花果期 5—8 月。

生境与分布： 生长于池沼、湖泊、河流和沟渠浅水中；产天津蓟州，为一种广布的根茎型水生或湿生种，全国各地均有分布；淋河有分布，数量极多，与扁秆藨草组成优势种群落。

莎草科 - 三棱草属

Cyperaceae-*Bolboschoenus*

· 扁秆荆三棱 *Bolboschoenus planiculmis*

别　　名： 扁秆藨草

生 活 型： 多年生草本

形态特征： 有匍匐根状茎和块茎。秆高 60~100 cm，较细，三棱形，平滑。叶茎生或斜生，扁平，线形，宽 2~5 mm，基部有长叶鞘；叶状苞片 1~3，比花序长；长侧枝聚伞花序短缩成头状，有 1~6 个小穗；小穗卵形或长圆状卵形，长 10~16 mm，褐锈色，有多数花；鳞片长圆形，长 6~8 mm，膜质，褐色或深褐色，疏生柔毛，有 1 条脉，顶端有撕裂状缺刻，有芒；下位刚毛 4~6，有倒刺，长为小坚果的 1/2~2/3；雄蕊 3；花柱长，柱头 2。小坚果倒卵形或宽倒卵形，扁，两面稍凹或稍凸，长 3~3.5 mm。花果期 5—9 月。

生境与分布： 生长于水塘、沟边、沼泽地；产天津各地，极为常见；各河流水系均有分布。

莎草科 - 水葱属
Cyperaceae-*Schoenoplectus*

· 三棱水葱 *Schoenoplectus triqueter*

别　　名：藨草

生 活 型：多年生草本

形态特征：秆散生，高 20~90 cm，三棱形，基部有 2~3 个叶鞘，鞘膜质，横脉明显隆起，最上面 1 个叶鞘顶端有叶片。叶片扁平，苞片 1 枚，为秆的延长，三棱形。简单长侧枝聚伞花序假侧生，有 1~8 个辐射枝；辐射枝三棱形，棱上粗糙，每个辐射枝顶端有 1~8 个簇生的小穗；小穗卵形或长圆形，密生多花；鳞片长圆形、椭圆形或宽卵形，顶端微凹或圆形，背面有 1 条中肋，稍延伸出顶端呈短尖，边缘疏生缘毛；下位刚毛 3~5，几等长或稍长于小坚果，有倒刺。小坚果倒卵形，平凸状，成熟时褐色，有光泽。花果期 6—9 月。

生境与分布：生长于池塘、沟渠或沼泽地；产天津近郊、蓟州、宝坻、宁河、武清、静海，较常见；淋河、州河、潮白新河、永定新河、北运河河滨岸带有分布。

莎草科 - 水葱属

Cyperaceae-*Schoenoplectus*

· 水葱 *Schoenoplectus tabernaemontani*

别　　名: 翠管草、冲天草

生 活 型: 多年生草本

形态特征: 有粗壮的匍匐根状茎。秆高大，圆柱状，高 1~2 m，平滑，基部有 3~4 个叶鞘，鞘长可达 38 cm，管状，膜质，最上面 1 个叶鞘有叶片。叶片线形，苞片 1，为秆的延长，直立，钻状，常短于花序。长侧枝聚伞花序有 4~13 个或更多的辐射枝；辐射枝长可至 5 cm，一面凸，一面凹，边缘有锯齿；小穗单生或 2~3 个簇生于辐射枝顶端，卵形或长圆形，顶端急尖或圆钝，有多数花；鳞片椭圆形或宽卵形，顶端稍凹，有短尖，膜质，棕色或紫褐色，背面有锈色突起的小点，有 1 条脉，边缘有绿毛。小坚果倒卵形或椭圆形，双凸状，很少为三棱形。花果期 6—9 月。

生境与分布: 生长于湖泊或浅水池塘中；产天津近郊、宁河，少见，为盐碱土、盐土、碱性土指示植物，其生长地土壤 pH 值以 8.0~9.5 为主；永定新河、潮白新河河滨岸带有分布。

莎草科 - 飘拂草属
Cyperaceae-*Fimbristylis*

· **烟台飘拂草** *Fimbristylis stauntonii*

别　　名: 光果飘拂草
生 活 型: 一年生草本
形态特征: 无根状茎。秆丛生,扁三棱形,高 4~40 cm,具纵槽,无毛,直立,少有下弯,基部有少数叶。叶短于秆,平张,无毛,向上端渐狭,顶端急尖;鞘前面膜质,鞘口斜裂,淡棕色,叶舌很短,截形,具绿毛。苞片 2~3 枚,叶状,稍长或稍短于花序;长侧枝聚伞花序简单或复出,具少数辐射枝;小穗单生于辐射枝顶端,宽卵形或长圆形,基部楔形,有多数花;鳞片膜质,长圆状披针形,锈色,背面具绿色龙骨状突起,具 1 条脉,顶端具短尖,短尖不向外弯。小坚果长圆形,顶端稍膨大如盘,表面具横长圆形的网纹。花果期 7—10 月。
生境与分布: 生长于耕地、稻田埂上、砂土湿地上、杂草丛中;产天津蓟州、武清,少见;州河、北运河滨岸带有分布。

莎草科 – 莎草属
Cyperaceae-Cyperus

· **头状穗莎草** *Cyperus glomeratus*

別　　名：状元花、三轮草

生 活 型：一年生草本

形态特征：高 30~100 cm。秆粗壮，直立，钝三棱形。叶短于秆；叶鞘红棕色。总苞苞片叶状，3~4 片，比花序长，边缘粗糙；长侧枝聚伞花序简单或复出，有 3~8 条长短不同的辐射枝，最长可达 12 cm；穗状花序无总梗，近圆形、椭圆形或长圆形，有极多小穗；小穗极密集，线形，稍扁平，有 8~16 朵花；小穗轴有白色透明的翅；鳞片排列疏松，膜质，近长圆形，顶端钝，长约 2 mm，棕红色，背面两侧有棕色条纹，脉不明显；雄蕊 3，花药长圆形，药隔突出，暗血红色；花柱长，柱头 3。小坚果三棱形，灰色，有明显网纹。花期 6—8 月。

生境与分布：生长于水边沙地、潮湿草丛及浅水沟塘或沼泽地中；产天津近郊、蓟州、武清、宝坻、宁河，较常见；淋河、洵河、关东河、州河、蓟运河、青龙湾河、潮白新河、永定新河、新引河、独流减河、南运河、北运河、龙凤河河滨岸带有分布。

莎草科 - 莎草属
Cyperaceae-Cyperus

· 碎米莎草　*Cyperus iria*

别　　名: 稻田莎草、三方草

生 活 型: 一年生草本

形态特征: 无根状茎，有须根。秆直立，高 20~85 cm，扁三棱形，下部生叶。叶比秆短或等长；叶鞘红棕色或棕紫色。总苞苞片叶状，3~5 个，下面的 2~3 个常比花序长；长侧枝聚伞形花序复出，有 4~9 个长短不等的辐射枝；辐射枝最长可达 11 cm；穗状花序卵形或长圆状卵形，有 5~22 个小穗；小穗排列疏松，长圆形、披针形或线状披针形，压扁，有 6~22 朵花；小穗轴几无翅；鳞片排列疏松，膜质，宽倒卵形，顶端微缺，有极短的短尖，不突出于鳞片顶端，背面有龙骨状突起，绿色，有 3~5 脉两侧黄色，上端有白色透明的边。小坚果黑褐色，三棱形，与鳞片等长，表面有密细点。花果期 6—8 月。

生境与分布: 生长于田间、山坡、路边湿地；产天津蓟州、宁河、武清、静海、宝坻、北辰、西青、淋河；州河、蓟运河、潮白新河、永定新河、北运河、南运河、新引河河滨岸带有分布。

莎草科 - 莎草属
Cyperaceae-Cyperus

· 具芒碎米莎草 *Cyperus microiria*

别　　名: 黄颖莎草

生 活 型: 一年生草本

形态特征: 秆丛生，高 20~60 cm，锐三棱形，下部生叶。叶比秆短；叶鞘紫褐色。总苞苞片叶状，3~4 片，比花序长；长侧棱枝聚伞花序复出或多次复出，有 5~9 个长短不等的辐射枝，辐射枝最长达 12 cm；穗状花序卵形或近三角形，有多数小穗；花穗轴有狭翅；小穗线形，有 4~24 朵花，小穗轴有白色透明的狭翅；鳞片宽倒卵形，顶稍钝，麦秆黄色或白色，背面有龙骨状突起，有 3~5 条脉。小坚果倒卵形、三棱形，和鳞片近等长。花果期 7—9 月。

生境与分布: 生长于山坡、路边草丛或水边潮湿处；产天津近郊、蓟州、宝坻；州河、淋河、潮白新河河滨岸带有分布。

本种与碎米莎草的区别: 碎米莎草小穗轴无翅，鳞片有极短小尖，尖不突出鳞片外；而具芒碎米莎草小穗轴有白色狭翅，鳞片有明显短尖。

莎草科 - 莎草属
Cyperaceae-Cyperus

· 异型莎草 *Cyperus difformis*

别　　名：三角草、球花莎草

生 活 型：一年生草本

形态特征：秆丛生，高 2~65 cm，扁三棱形。叶短于秆，线形；叶鞘褐色。苞 2~3，叶状，长于花序；长侧枝聚伞花序简单，少数复出，有 3~9 个辐射枝，辐射枝长短不等，或有时近无花梗；小穗极多，密集成头状，小穗披针形或线形，有 8~28 朵花；小穗轴无翅；鳞片排列稍松，膜质，近扁圆形，顶端圆，中间淡黄绿色，两侧深紫红色或栗色。小坚果倒卵状椭圆形、三棱形，淡黄色。花果期 7—9 月。

生境与分布：生长于稻田水边湿地或沼泽地；产天津近郊、蓟州、宝坻、宁河，常见；淋河、州河、泃河、潮白新河河滨岸带有分布。

莎草科 - 莎草属
Cyperaceae-Cyperus

· **白鳞莎草** *Cyperus nipponicus*

别　　名: 日本莎草

生 活 型: 一年生草本

形态特征: 秆细弱，密丛生，直立或平卧，高5~20 cm，扁三棱形，平滑，基部生叶。叶短于秆或与秆近等长；叶鞘膜质，淡红棕色或紫褐色。苞片3~5，叶状，比花序长数倍，基部常稍宽于叶片；长侧枝聚伞花序短缩成头状，近球形，有时辐射枝稍延长，有多数密生的小穗；小穗无柄，披针形或卵状长圆形，扁平，有8~30朵花；小穗轴有白色透明的翅。小坚果长圆形，平凸状或凹凸状，长约为鳞片的1/2，黄棕色。花果期7—9月。

生境与分布: 生长于湿地或菜畦中；产天津近郊、蓟州，少见；关东河、淋河、州河河滨岸带有分布。

莎草科 - 莎草属
Cyperaceae-Cyperus

· 旋鳞莎草 *Cyperus michelianus*

别　　名： 白莎草、护心草、旋颖莎草

生活型： 一年生草本

形态特征： 秆丛生，高 2~25 cm，扁三棱形。叶线形；叶鞘紫红色。苞片叶状，3~6 片，比花序长很多；长侧枝聚伞花序呈头状，卵形或球形，有多数密集的小穗；小穗卵形或披针形，有 10~20 朵花，鳞片螺旋状排列，膜质，长圆状披针形，长约 2 mm，淡黄白色，稍透明，有时上部中间有黄褐色或红褐色条纹，有 3~5 脉，中脉呈龙骨状突起，绿色。小坚果狭长圆形、三棱形，表面包有一层白色透明疏松的细胞。花果期 6—9 月。

生境与分布： 生长于湿地或菜畦中；产天津近郊、蓟州、宁河、武清、静海，少见；淋河、关东河、州河、沟河河滨岸带有分布。

莎草科 - 莎草属
Cyperaceae-Cyperus

· **香附子**　*Cyperus rotundus*

别　　名：雀头香、雷公头、香附米
生 活 型：多年生草本
形态特征：秆稍细弱，高 15~95 cm，锐三棱形，平滑，基部呈块茎状。叶较多，短于秆，平张；鞘棕色，常裂成纤维状。叶状苞片 2~3（~5）枚，常长于花序，或有时短于花序；长侧枝聚伞花序简单或复出，具（2~）3~10 个辐射枝，辐射枝最长达 12 cm；穗状花序轮廓为陀螺形，稍疏松，具 3~10 个小穗；小穗斜展开，线形，具 8~28 朵花；小穗轴具较宽的、白色透明的翅；鳞片稍密地复瓦状排列，膜质，卵形或长圆状卵形，顶端急尖或钝，无短尖，中间绿色，两侧紫红色或红棕色，具 5~7 条脉。小坚果长圆状倒卵形、三棱形。花果期 5—11 月。
生境与分布：生长于荒地、路边、沟边、田间、河滩湿地；产天津蓟州、宝坻、北辰，常见；州河、淋河、泃河、州河、潮白新河、永定新河、新引河滨岸带有分布。

莎草科 - 莎草属
Cyperaceae-Cyperus

· 水莎草 *Cyperus serotinus*

别　　名: 三棱草

生 活 型: 多年生草本

形态特征: 秆散生，高 35~100 cm，粗壮，扁三棱状。叶片线形，苞片 3，叶状，比花序长 1 倍多；长侧枝聚伞花序复出，有 4~7 个辐射枝，开展，每枝有 1~4 个穗状花序；小穗平展，线状披针形，稍膨胀，有 10~34 朵花；小穗轴有透明翅。基部无关节，宿存；鳞片 2 列，舟状，宽卵形，顶端钝，中肋绿色，两侧红褐色。小坚果椭圆形或倒卵形，平凸状，背腹压扁，面向小穗轴，长为鳞片的 4/5，棕色，有突起细点。花果期 7—10 月。

生境与分布: 生长于沟边浅水和湿地；产天津近郊、蓟州、宝坻、宁河；淋河、泃河、州河、永定新河、新引河、潮白新河河滨岸带有分布。

莎草科－扁莎属

Cyperaceae-*Pycreus*

· **球穗扁莎** *Pycreus flavidus*

别　　名： 球穗扁莎草、扁莎、黄毛扁莎、球穗莎草

生 活 型： 一年生草本

形态特征： 根状茎短，有须根。秆丛生，细弱，高 7~50 cm，钝三棱形。叶短于秆；叶鞘红棕色。苞片 2~4，叶状，长于花序；长侧枝聚伞花序简单，有 1~6 个辐射枝，辐射枝长短不等，最长达 6 cm，有时缩短成头状；每一辐射枝有 2~20 个小穗；小穗密聚于辐射枝上端，呈球形，辐射展开，线状长圆形或线形，极压扁，有 12~34 朵花或更多；小穗轴近四棱，宿存，两侧具有横隔的槽。小坚果倒卵形，扁双凸状。花果期 6—11 月。

生境与分布： 生长于沟边、湿地或田埂；产天津近郊、蓟州、宝坻、宁河，少见；沟河、州河河滨岸带有分布。

莎草科 - 扁莎属
Cyperaceae-Pycreus

· 红鳞扁莎 *Pycreus sanguinolentus*

别　　名: 黑扁莎、矮红鳞扁莎

生 活 型: 一年生草本

形态特征: 秆密丛生,高 7~50 cm,扁三棱状。叶短于秆,边缘有细刺。苞片 3~4,叶状,长于花序;长侧枝聚伞花序简单,有 3~5 个辐射枝;小穗 1~12 个或更多,密聚成短穗状花序,开展,长圆形、线状长圆形或长圆状披针形,有 6~24 朵花;鳞片卵形,顶端钝,背部中间黄绿色,两侧有较宽的槽,麦秆黄色或褐黄色,边缘暗血红色或暗褐红色。小果倒卵形或长圆状倒卵形,双凸状,稍肿胀,黑色。花果期 7—9 月。

生境与分布: 生长于山谷、田边、河旁潮湿处或浅水中;产天津近郊、蓟州;州河、泃河河滨岸带有分布。

莎草科 - 薹草属
Cyperaceae-Carex

· 白颖薹草 *Carex duriuscula subsp. rigescens*

别　　名：百部草、百条根、闹虱、玉箫、箭杆

生 活 型：多年生草本

形态特征：秆高 5~20 cm，纤细，平滑，基部叶鞘灰褐色，细裂成纤维状。叶短于秆，内卷，边缘稍粗糙。叶片平张。苞片鳞片状。穗状花序卵形或球形；小穗 3~6 个，卵形，密生，雄雌顺序，具少数花；雌花鳞片宽卵形或椭圆形，锈褐色，边缘具宽的白色膜质，顶端为白色膜质，顶端锐尖，具短尖。果囊稍长于鳞片，宽椭圆形或宽卵形，平凸状，革质，锈色或黄褐色，成熟时稍有光泽，两面具多条脉，基部近圆形，有海绵状组织。小坚果稍疏松地包于果囊中，近圆形或宽椭圆形。花果期 4—6 月。

生境与分布：白颖薹草的抗寒和抗旱能力强，根系发达，常被用于公路和铁路两边的绿化和水土保持；天津各地有种植，河流的内外河堤有分布；潮白新河、永定新河、北运河、金钟河、南运河、子牙河河滨岸带有分布。

莎草科 - 薹草属
Cyperaceae-Carex

· 翼果薹草 *Carex neurocarpa*

别　　名： 头状薹草

生 活 型： 多年生草本

形态特征： 秆丛生，全株密生锈点，高 20~100 cm，扁钝三棱形，基部叶鞘无叶片。叶短于或长于秆，边缘粗糙，先端渐尖，基部具鞘；苞片下部叶状，显著长于花序，无鞘，上部刚毛状。小穗多数，雄雌顺序，卵形；穗状花序紧密，呈尖塔状圆柱形，长 2.5~8 cm，宽 1~1.8 cm。果囊卵形或宽卵形，稍扁，密生锈点，细脉多条，无毛，中部以上边缘具微波状宽翅，锈黄色，上部具锈点，基部具海绵状组织，具短柄，顶端骤缩成喙，喙口 2 齿裂；小坚果疏松包于果囊中，卵形或椭圆形。花果期 6—9 月。

生境与分布： 生长于水边或湿润草丛中；产天津蓟州、宝坻、武清、宁河，较常见；淋河、泃河、蓟运河、州河、潮白新河、南运河、北运河、青龙湾河河滨岸带有分布，独流减河中段河滨岸带以上偶见。

莎草科 - 薹草属
Cyperaceae-Carex

· 异穗薹草 *Carex heterostachya*

别　　名: 黑穗草

生 活 型: 多年生草本

形态特征: 根状茎具长的地下匍匐茎。秆高 20~40 cm，三棱形，下部平滑，上部稍粗糙，基部具红褐色无叶片的鞘。叶短于秆，宽 2~3 mm，平张，质稍硬，边缘粗糙，具稍长的叶鞘。小穗 3~4 个，常较集中地生于秆的上端，间距较短，上端 1~2 个为雄小穗，长圆形或棍棒状，长 1~3 cm，无柄。果囊斜展，稍长于鳞片，宽卵形或圆卵形。小坚果较紧地包于果囊内，宽倒卵形或宽椭圆形，三棱形，长约 2.8 mm，基部具很短的柄，顶端具短尖；花柱基部不增粗，柱头 3 个；花柱和柱头密生短柔毛。花果期 4—6 月。

生境与分布: 生长于山坡、草地或水边、路旁草丛中；产天津蓟州、武清、北辰，较少见；淋河、州河、永定新河、龙凤河滨岸带有分布。

莎草科 - 薹草属
Cyperaceae-Carex

· 细叶薹草 *Carex duriuscula subsp. stenophylloides*

别　　名：针叶薹草、砾苔草

生 活 型：多年生草本

形态特征：秆高 5~20 cm，纤细，平滑，基部叶鞘灰褐色，细裂成纤维状。叶短于秆，内卷，边缘稍粗糙。苞片鳞片状。穗状花序卵形或球形；小穗 3~6 个，卵形，密生，雄雌顺序，具少数花；雌花鳞片宽卵形或椭圆形，锈褐色，边缘及顶端为白色膜质，顶端锐尖，具短尖。果囊较大，卵形或卵状椭圆形，顶端渐狭成较长的喙，平凸状，革质，锈色或黄褐色，成熟时稍有光泽，两面具多条脉，基部近圆形，有海绵状组织，具粗的短柄，顶端急缩成短喙，喙缘稍粗糙。小坚果稍疏松地包于果囊中，近圆形或宽椭圆形。花果期 4—6 月。

生境与分布：生长于路边、堤侧、田边、干旱山坡；产天津各地，常见；金钟河、潮白新河、龙凤河、北运河、州河河滨岸带有分布。

莎草科 - 薹草属

Cyperaceae-Carex

· 锥囊薹草 *Carex raddei*

别　　名：毛鞘薹草、软毛薹草

生 活 型：多年生草本

形态特征：秆疏丛生，高 35~100 cm，锐三棱形，较粗壮坚挺，平滑，基部具红褐色无叶片的鞘。叶短于秆，平张，边缘粗糙，稍外卷，具较长的叶鞘，下部的叶鞘被疏的短柔毛，上部的叶鞘无毛或有时被很少的毛。小穗 4~6 个，上面的间距较短，下面的间距稍长，顶端 2~3 个为雄小穗，条形或狭披针形，近于无柄；其余为雌小穗，长圆状圆柱形，具多数稍疏生的花。雄花鳞片披针形，顶端渐尖成芒；雌花鳞片卵状披针形或披针形，顶端渐尖成芒。果囊斜展，长于鳞片，长圆状披针形，初时为淡绿色，成熟时麦秆黄色。坚果宽卵形。花果期 6—7 月。

生境与分布：生长于河边湿地、沼泽地、河岸沙地、田边、浅水或山坡阴湿处；产天津蓟州、宁河，少见；淋河、泃河、州河河滨岸带有分布。

莎草科 - 薹草属
Cyperaceae-Carex

· 异鳞薹草 *Carex heterolepis*

别　　名: 鳞薹草

生 活 型: 多年生湿生草本

形态特征: 根状茎短，具长匍匐茎。秆高 40~70 cm，三棱形，上部粗糙，基部具黄褐色细裂成网状的老叶鞘。叶与秆近等长，平张，边缘粗糙。苞片叶状，最下部 1 枚长于花序，基部无鞘。小穗 3~6 个，顶生 1 个雄性小穗，圆柱形，长 2~4 cm，宽 4 mm，具小穗柄；侧生小穗雌性，圆柱形，直立，长 1~4.5 cm，宽约 6 mm，小穗无柄。雌花鳞片狭披针形或狭长圆形，淡褐色，中间淡绿色，具 1~3 脉，顶端渐尖。果囊稍长于鳞片，扁双凸状，具密的乳头状突起和树脂状点线，基部楔形，上部急缩成稍短的喙，喙口具 2 齿。小坚果紧包于果囊中，宽倒卵形或倒卵形，暗褐色。花果期 4—7 月。

生境与分布: 生长于沼泽地、水边；产天津蓟州，少见；淋河有分布，数量少。

菖蒲科 - 菖蒲属
Acoraceae-Acorus

· 菖 蒲 *Acorus calamus*

别　　名： 山菖蒲、水剑草、香菖蒲

生 活 型： 多年生草本

形态特征： 根茎横走，稍扁，分枝，直径 5~10 mm，外皮黄褐色，芳香，肉质根多数，长 5~6 cm，具毛发状须根。叶基生，基部两侧膜质叶鞘宽 4~5 mm，向上渐狭，至叶长 1/3 处渐行消失、脱落；叶片剑状线形，长 90~150 cm，中部宽 1~3 cm，基部宽、对褶，中部以上渐狭，草质，绿色，光亮；中肋在两面均明显隆起，侧脉 3~5 对，平行，纤弱，大都伸延至叶尖。花序柄三棱形；叶状佛焰苞剑状线形，长 30~40 cm；肉穗花序斜向上或近直立，狭锥状圆柱形；花黄绿色。浆果长圆形，成熟时红色。花果期 6—10 月。

生境与分布： 生长于水边、沼泽湿地，喜温暖、湿润和阳光充足的环境；产天津各地，较少见；淋河、州河河滨岸带有分布。

摄影：
http://www7a.biglobe.ne.jp/~flower_world/

天南星科 - 紫萍属
Araceae-Spirodela

· 紫萍　*Spirodela polyrhiza*

别　　名：紫背浮萍、紫背萍

生 活 型：漂浮植物、浮水小草本

形态特征：叶状体扁平，宽倒卵形，长 5~8 mm，宽 4~6 mm，先端钝圆，上面绿色，下面紫色，掌状脉 5~11 条，下面中央生根 5~11 条，根长 3~5 cm，白绿色；根基附近一侧囊内形成圆形新芽，萌发后的幼小叶状体从囊内浮出，由一细弱的柄与母体相连；花未见，据记载，肉穗花序有 2 个雄花和 1 个雌花。花果期 7—8 月。

生境与分布：生长于水稻田、池塘、浅水湖泊或静水沟渠中；产天津各地，极为常见；除山区水流流速较快的黑水河、泃河等外，其他河流均有分布；常与浮萍混生，形成密布水面的飘浮群落，繁殖快，通常在群落中占绝对优势。

天南星科 - 浮萍属
Araceae-Lemna

· 浮萍 *lemna minor*

别　　名：水萍草、水浮萍、浮萍草、田萍、青萍

生 活 型：漂浮植物、浮水小草本

形态特征：叶状体对称，两面平滑，绿色，近圆形，倒卵形或倒卵状椭圆形，全缘，长 1.5~5 mm，宽 2~3 mm，上面稍凸起或沿中线隆起，脉 3，不明显，背面垂生丝状根 1 条，根白色，长 3~4 cm，根冠钝头，根鞘无翅。叶状体背面一侧具囊，新叶状体于囊内形成浮出，以极短的细柄与母体相连，随后脱落。雌花具弯生胚珠 1 枚，果实无翅，近陀螺状，种子具凸出的胚乳并具 12~15 条纵肋。花果期 7—8 月。

生境与分布：生长于稻田、池塘、浅水湖库或静水渠道；产天津各地，相对紫萍少见；潮白新河有分布，通常与紫萍形成覆盖水面的漂浮植物群落。

本种与相似种紫萍的区别：紫萍叶状体大小是浮萍的 2~3 倍；紫萍每片叶状体生多条根，浮萍每片叶状体生 1 条根；紫萍叶状体下面紫色，浮萍叶状体下面绿色。

鸭跖草科 - 鸭跖草属
Commelinaceae-Commelina

· 鸭跖草 *Commelina communis*

别　　名： 碧竹子、翠蝴蝶、竹叶菜

生 活 型： 一年生披散草本

形态特征： 叶披针形至卵状披针形，叶序为互生，茎为匍匐茎。花伞顶生或腋生，雌雄同株，花瓣上面两瓣为蓝色，下面一瓣为白色，花苞呈佛焰苞状，绿色，雄蕊有6枚。总苞片佛焰苞状，与叶对生，折叠状，展开后为心形，顶端短急尖，基部心形，边缘常有硬毛；聚伞花序，下面一枝仅有花1朵，不孕；上面一枝具花3~4朵，具短梗，几乎不伸出佛焰苞。萼片膜质，内面2枚常靠近或合生；花瓣深蓝色；内面2枚具爪。蒴果椭圆形。种子棕黄色，一端平截、腹面平，有不规则窝孔。花果期6—10月。

生境与分布： 喜高温多湿，喜湿润肥沃的土壤环境，生长于河道滩地、林下或阴湿处；产天津蓟州，常见；泃河、淋河、州河、关东河河滨岸带有分布。

鸭跖草科 - 鸭跖草属
Commelinaceae-Commelina

· 饭包草 *Commelina benghalensis*

别　　名： 火柴头、竹叶菜、圆叶鸭跖草

生 活 型： 多年生披散草本

形态特征： 茎大部分匍匐，节上生根，上部及分枝上部上升，长达 70 cm，被疏柔毛。叶有明显的叶柄；叶片卵形，近无毛。总苞片漏斗状，与叶对生，常数个集于枝顶，下部边缘合生，长 8~12 mm，被疏毛；花序下面一枝具细长梗，具 1~3 朵不孕的花，伸出佛焰苞，上面一枝有花数朵，结实，不伸出佛焰苞；花瓣蓝色，圆形；内面 2 枚具长爪。蒴果椭圆状，3 室，腹面 2 室每室具两颗种子。种子长近 2 mm，多皱并有不规则网纹，黑色。花果期 6—10 月。

生境与分布： 喜高温多湿，喜湿润肥沃的土壤环境，生长于河道滩地、林下或阴湿处；产天津蓟州、宝坻、宁河、武清，常见；泃河、淋河、州河、关东河、蓟运河、青龙湾河、潮白新河、北运河河滨岸带有分布。

雨久花科 - 雨久花属
Pontederiaceae-Monochoria

· 雨久花 *Monochoria korsakowii*

别　　名：浮蔷、蓝花菜、蓝鸟花
生 活 型：直立水生草本
形态特征：根状茎粗壮，具柔软须根。茎直立，高 30~70 cm，全株光滑无毛，基部有时带紫红色。叶基生和茎生；基生叶宽卵状心形，顶端急尖或渐尖，基部心形，全缘，具多数弧状脉；叶柄长达 30 cm，有时膨大成囊状；茎生叶叶柄渐短，基部增大成鞘，抱茎。总状花序顶生，有时再聚成圆锥花序；花 10 余朵；花被片椭圆形，顶端圆钝，蓝色；雄蕊 6 枚，其中 1 枚较大，花瓣长圆形，浅蓝色，其余各枚较小；花药黄色，花丝丝状。蒴果长卵圆形。花果期 7—10 月。
生境与分布：生长于浅水池、水塘、沟边、沼泽地和稻田中；产天津蓟州，少见；淋河有分布。雨久花花大而美丽，叶色翠绿、光亮、素雅，宜用于观赏。

灯芯草科 - 灯芯草属
Juncaceae-*Juncus*

· **扁茎灯芯草** *Juncus gracillimus*

别　　名： 细灯心草

生 活 型： 多年生草本

形态特征： 茎丛生，直立，圆柱形或稍扁，绿色。叶基生和茎生；低出叶鞘状，淡褐色；基生叶 2~3 枚；叶片线形，茎生叶 1~2 枚；叶片线形，扁平；叶鞘长 2~9 cm，松弛抱茎；叶耳圆形。顶生复聚伞花序；叶状总苞片通常 1 枚，线形，常超出花序；从总苞叶腋中发出多个花序分枝，花序分枝纤细，长短不一，顶端 1~2 回或多回分枝；花单生，彼此分离；小苞片 2 枚，宽卵形，顶端钝，膜质；花被片披针形或长圆状披针形，顶端钝圆，外轮者稍长于内轮。蒴果卵球形，褐色、光亮。种子斜卵形，表面具纵纹。花果期 5—8 月。

生境与分布： 生长于水边、潮湿或沼泽地中；产天津蓟州、宁河、北辰，少见；州河、淋河河滨岸带有分布，数量较少。

天门冬科 - 黄精属

Asparagaceae-*Polygonatum*

· 黄 精 *Polygonatum sibiricum*

别　　名：菟竹、鹿竹、鸡头黄精

生 活 型：多年生草本

形态特征：根状茎圆柱形，结节状膨大。茎直立，上部有时稍弯曲，高可达 1 m。叶轮生，每轮 4~6 枚，条状披针形，长 7~13 cm，宽 5~15 mm，先端平直或稍弯曲，无叶柄。花序叶腋生，伞形状，通常有花 2~4 朵，总花梗长约 1cm，俯垂；苞片条状披针形，位于花梗基部，有 1 脉；花被片乳白色或淡黄绿色，裂片长约 4 mm。浆果球形，直径 5~6 mm，成熟时黑色；有种子 4~7 枚。花期 5~6 月，果期 8~9 月。

生境与分布：喜凉爽、潮湿、蔽阴的环境，适宜透气、疏松、肥沃的砂壤土，生长于林下、灌丛或山坡阴处；产天津蓟州山区，少见，仅在受人类活动干扰较少的关东河上游河滨岸带有分布，数量极少。

石蒜科 - 葱属

Amaryllidaceae-*Allium*

· 山韭　*Allium senescens*

别　　名：山韭菜、岩葱

生 活 型：多年生草本

形态特征：具横生的粗壮根状茎，略倾斜。鳞茎近圆柱形；鳞茎外皮暗黄色至黄褐色，破裂成纤维状，网状或近网状。叶三棱状条形，背面具呈龙骨状隆起的纵棱，中空，比花序短，宽 1.5~8 mm，沿叶缘和纵棱具细糙齿或光滑。花葶圆柱状，具纵棱，有时棱不明显，高 25~60 cm，下部被叶鞘；总苞单侧开裂至 2 裂，宿存；伞形花序半球状或近球状，多花；小花梗近等长，基部除具小苞片外，在数枚小花梗的基部又被 1 枚共同的苞片所包围；花白色，稀淡红色；花被片具红色中脉，内轮的为矩圆状倒卵形，外轮的常与内轮的等长但较窄，矩圆状卵形至矩圆状披针形。蒴果。花果期 6 月底到 9 月。

生境与分布：生长于山坡、草原、草甸、路旁；产天津蓟州山区，常见；泃河、黑水河河滨岸带有分布。

石蒜科 - 葱属

Amaryllidaceae-Allium

· 薤白 *Allium macrostemon*

别　　名：小根蒜、独头蒜

生 活 型：多年生草本

形态特征：鳞茎单生，近球状，径 0.7~1.5（~2）cm，基部常具小鳞茎，外皮带黑色，膜质，不裂。叶 3~5 枚，半圆柱状或三棱状半圆柱形，中空，短于花葶。花葶圆柱状，高 30~60 cm，较叶长。伞形花序，半球形或球形，密生多花并间生珠芽；珠芽暗紫色，具小苞片；花淡紫或淡红色；花被片长圆状卵形或长圆状披针形，等长，内轮常较窄；花丝等长，比花被片稍短或长 1/3，基部合生并与花被片贴生，基部三角形，内轮基部较外轮宽 1.5 倍；子房近球形，腹缝基部具有帘的凹陷蜜穴，花柱伸出花被。蒴果。花果期 5—7 月。

生境与分布：生长于山地林缘、山坡、山谷、丘陵、平原沙地或草地；产天津蓟州、宝坻、宁河，较少见；黑水河、沟河、潮白新河河滨岸带有分布，其中黑水河侧灌丛边缘有较多生长，潮白新河偶见。

| 索引